U0364981

智慧城市规划与实践丛书

智慧城市
以人为本的城市规划与设计

国脉研究院　组编

机械工业出版社

本书在"互联网+"及我国智慧城市建设加速推进的大背景下，简要地介绍了人类城市的发展历程和智慧城市人本内涵的起源，并从多维度阐述了智慧城市演变的人本精神，探讨了智慧城市的人居环境，揭示了城市进化的不同路径和城市进化中的人本主义，重点阐明了智慧城市在应用信息化、网络化、数字化、物联网、智能化科技支撑城市科学管理，民生服务和可持续发展的总体目标、原则、内容和任务的谋划等方面的城市规划和设计方法，同时通过智慧城市建设的实际案例加以分析和说明，从而使读者能更真切地理解智慧城市规划、智慧城市设计和智慧城市应用的具体含义和发展方向。

本书内容系统全面，可以作为全国智慧城市规划师、工程师的参考资料；政府公务员和管理机构的培训教材；智慧城市建设从业机构与人员的理论读物。

图书在版编目（CIP）数据

智慧城市：以人为本的城市规划与设计/国脉研究院组编.
—北京：机械工业出版社，2017.2（2022.1 重印）
（智慧城市规划与实践丛书）
ISBN 978-7-111-55928-3

Ⅰ．①智… Ⅱ．①国… Ⅲ．①城市规划—研究 Ⅳ．①TU984

中国版本图书馆 CIP 数据核字（2017）第 008729 号

机械工业出版社（北京市百万庄大街 22 号 邮政编码 100037）
策划编辑：薛俊高 责任编辑：薛俊高 林 静
责任校对：潘 蕊 封面设计：马精明
责任印制：单爱军
北京虎彩文化传播有限公司印刷
2022 年 1 月第 1 版第 3 次印刷
148mm×210mm · 7.625 印张 · 190 千字
标准书号：ISBN 978-7-111-55928-3
定价：35.00 元

凡购本书，如有缺页、倒页、脱页，由本社发行部调换
电话服务 网络服务
服务咨询热线：010-88361066 机工官网：www.cmpbook.com
读者购书热线：010-68326294 机工官博：weibo.com/cmp1952
010-88379203 金 书 网：www.golden-book.com
封底无防伪标均为盗版 教育服务网：www.cmpedu.com

编委会成员

国脉研究院　组编

主　　编　杨冰之

副主编　郑爱军

参　　编　孙泽红　姜德峰　王贝贝　邓　凯

　　　　　袁慧君　邹　惠　戈　旭　徐向南

　　　　　温　馨　陈喜艳

P 前 言
REFACE

　　城市，是人类走向成熟和文明的标志，更是政治、经济、文化和社会生活的中心，是文明足迹的宏观见证。随着科技的进步，经济的飞跃，城市呈现出诸多不可忽视的优越性。大型城市往往是经济贸易活动的中心城市，城市集聚效应带动经济上的高度繁荣，并与人口密集创出无数的就业机会。城市发散效应形成连片的城市群、广阔的区域经济增长地带，其结果往往带动了整个国家经济的发展与腾飞。因此，城市足以担当起任何一个国家的国民经济与社会发展的核心载体。

　　城市化使城市被赋予了前所未有的发展经济、政治和技术的权利，被无可避免地推到了世界舞台的中心，发挥着主导作用。我国在过去几十年的城市化发展进程中取得了一系列举世瞩目的巨大成就。然而在城市化高速发展的过程中，城市在承担越来越重的物质文明和精神文明的建设责任和贡献的同时，城市的弊病也越来越多地显露出来。其包括大气环境复合污染中的交通尾气污染、光化学烟雾污染、光污染、热污染−城市热岛等；交通拥堵问题；城市资源短缺问题中的城市水资源匮乏、城市土地开发过度等；城市公共社会安全问题中的贫富分化加剧、城乡差距扩大、住房条件拥挤、治安状况差、传染病频发和流行等一系列的城市弊病。如何兼顾城市的高速发展和解决城市发展过程中所面临和存在的各种实际问题，探索有效的城市可持续发展模式和发展途径，是摆在我们面前的重大现实问题。

　　如今，在对人类城市发展关注和探索的进程中，"智慧城市"作为一种战略被提出，将更多新技术用于构成城市的核心系统，实现对其的感知和互联互通，进而实现更高层次的智能、促进更广泛的参与，努力推进面向知识社会的下一代创新，尝试构建创新 2.0 时代的城市新形态。"智慧城市"的概念一经提出，便受到了全世界的广泛关注，更是被诸多国家和公众所接受。计划先行是智慧城市建设的前提。发达国家包括美国、日本、法国、新加坡等国在智慧城市的建设过程中，几乎都制订了较合理的计划。

"以人为本"是智慧城市建设的核心。发达国家在智慧城市的建设过程中注重对人的服务，强调人的互动参与。法国巴黎市成立由市长、议员和信息技术专家组成的领导小组，并在领导小组内设城市、农村、企业和电子政务四个项目推动组，负责各自领域宽带网络和其他应用服务项目的推广工作。此外，他们还要求行政管理部门的窗口服务加入互联网，并通过一系列信息服务项目的推广鼓励更多企业和市民应用城市信息服务。新加坡制订的"智慧国家 2025"计划中，向人们展示了信息技术将如何改变人们的生活、工作和交流方式。韩国的智能首尔计划，注重以人为本，其关注的不仅仅是应用尽可能多的智能技术，同时致力于在城市和市民之间创建更大程度的合作和互动的关系。其包括人人享有的智能设备、应用于弱势群体的安全业务等。

在我国，随着"十二五"规划及配套信息化规划的启动实施，我国大中城市纷纷以智慧城市为主题，积极提出利用新兴信息技术加速新兴城市建设，改变城市未来发展蓝图。新兴信息技术构成了智慧城市建设的基本技术要件，但是当"硬"的科技手段达到标准后，如何将城市的规划管理智慧地与人相连，是智慧城市可否落脚的"软"关键。本书的亮点便是将智慧城市的建设最终落实到"人"，只有肯定了人的主体地位，在智慧城市建设中才能避免被高科技架空、不接地气的情况。"智"是技术支撑，"慧"是人的贡献，智慧城市建设中，以人为本是智慧城市建设的出发点。人是城市服务的对象，智慧城市建设要关注人对信息技术的应用和服务的应用，突出人的直观感受。我国各省市政府，如常州、咸阳等智慧城市试点城市纷纷推出智慧城市惠民建设——智慧交通、智慧医疗、智慧教育等，建设最终目的落实到服务群众、方便群众。只有城市管理工作更便捷和高效，城市运行更顺畅，人民的衣食住行在信息技术的支撑下更方便，才能真正实现城市的智慧化。

第1章从城市发展历程出发，由城市化进程出现的城市弊病引出智慧城市的起源与人本内涵，具体分析智慧城市案例来剖析城市对人居环境的关注、智慧城市的人格化，强调人与城市的未来，多维度阐述了智慧城市演变的人本精神，使读者对以人为本的智慧城市有一个总体的理解。

第2章城市创新系统与人文情怀，主要从盘活城市公共数据资源、理解城市设计、智慧城市为消退的人口红利带来新的契机和建立信息生态系统四个方面来具体说明。如今数据已经成为国家基础性战略资源，公共数据资源具有丰富的潜在价值；分析发达国家利用大数据资源的相关做法，可以为我国的数据利用提供借鉴。在城市设计方面，从对比中西方城市设计思想演化到"人本"的现代城市设计思想和城市建设模型，从城市规划看未来城市发展方向。

第3章智慧城市的人居环境，探索人与环境之间的相互关系，强调人类聚居是作为一个整体，而非某个侧面。该章结合我国国情和政策，从智慧城市群模式探索到城市产业的拉动引擎，从城市群神经系统到构建智慧城市生态之间的群落，点明了智慧城市发展的内在需求：智慧城市的发展不仅仅在于城市智能建设，更要构建好城市群、产业、政府与企业、政府与市民、企业与市民、市民与市民等之间的桥梁、通道、服务与支撑。

第 4 章揭示了城市进化的不同路径。在城市进化过程中，由于各个城市的政策、资源、模式不同，形成城市化不同的发展路径，包括健康的和衰落的发展路径，同时也导致了各种城市病的出现。通过具体城市案例来解读城市进化，可以为以后的城市规划与设计提供经验。

第 5 章主要定位智慧城市的规划与设计。智慧城市规划是建设的基础，依城市现状不同，规划路径会有差异，但无论采取哪一种规划路径，都应体现以人为本的理念。智慧城市建设是规划落实的过程，在宏观层面上，应该坚持"五位一体"和"新四化"总体布局，实施"互联网+智慧城市"战略；在微观层面上，应该从智慧基础设施、智慧治理、智慧民生、智慧产业、智慧人群和智慧环境六个方面着手，形成生态的发展体系。该章构建的智慧城市评价体系主要借鉴了国脉互联信息顾问有限公司的评估体系成果，用科学的评估引领智慧城市建设，贯穿于智慧城市规划、建设和运营的各个环节。

第 6 章主要列举智慧城市建设案例。从智慧城市规划、设计与应用三个方面分别列举了国内外较为典型的城市案例，深刻剖析智慧城市中各具体细节，包括交通、物流、政务、医疗等。透过案例分析，为未来的智慧城市建设提供镜鉴，以期推动智慧城市建设不断向前发展。

本书在撰写过程中，得到诸多业内公司及专家的帮助和支持，再次表示衷心的感谢。由于智慧城市建设处于探索阶段，本书内容有不尽人意和无力企及之处在所难免，恳请读者进行批评指正。

编著者

目 录
CONTENTS

第 1 章

智慧城市演变的人本精神

　　早期城市的功能是为百姓提供聚集的场所并使百姓能够免于灾害和战乱。随着城市的发展与变迁，现代城市在城市理念、城市功能、城市辐射力、城市的地区影响力等方面都发生了翻天覆地的变化，但是，城市所承载的压力也越来越大、城市管理难度越来越复杂、城市的需求越来越高。我们不断地探索城市、建设城市、武装城市，追求着一种创新，寻求着一份满意的城市生活。

　　智慧城市的发展可以分为三个阶段。第一阶段为信息化城市建设阶段，这一阶段的特点是注重信息基础设施和信息通信技术的建设，如光纤敷设、卫星站点修建、跨国海底光缆接通、带宽扩展和网络架构等。第二阶段是数字城市建设阶段，在这个阶段城市建设的主要资源围绕用户电子文档建设、数据库建设、信息传递、互联网的应用开发等。第三阶段演进为智慧城市阶段，该阶段主要资源用于使城市的信息网络实现自动监控、信息自动采集、自动分析处理和自动决策等。这一阶段的特点是注重运用信息与通信技术推动社会、环境与管理的协调发展，其着力点是整合、惠民、绿色。智慧城市的三个发展阶段是前后紧密相续或互相交叉、交融的。

　　人本精神是智慧城市建设的出发点，城市是为人服务的，在建设智慧城市的过程中要突出人的直观感受，关注人对信息技术和服务的应用，实现城市智慧化的本质是城市居民在信息技术的支撑下生活更便捷，城市管理工作更高效，城市运行更顺畅。互联网的本质特性是开放、共享，所以，建智慧城市的目的就是让所有居民都能有强烈的参与感、每个人都可以享受到城市提供的全方位服务。

总体而言，智慧城市的建设是以人为本的，它是智慧地球的体现形式，是数字城市建设的延续，其演进发展的历程受到 ICT 发展的巨大推动，是城市化发展的必然产物。

1.1 城市发展历程

城市是国家资源、要素、产业等发展的聚集地，以占全球 2% 的表面积，容纳了 50% 左右的人口。同时，在创造全球 GDP80% 的背后也消耗了全球 85% 以上的资源。城市的形态不断变化，从以农业化为主要特征的城市 1.0 版到以工业化为中心的城市 2.0 版，一直发展到以信息化为中心的 3.0 版。智慧城市是对过去城市的创新和发展，是城市变迁具有的新品质。

1. 古代城市

早期城市大部分出现于五六千年前，主要分布在西亚南部、古埃及尼罗河下游三角洲、印度河流域和中国黄河流域等地区。古代城市的结构较简单，普通城市一般无明显的功能分区，通常以政治或宗教建筑占据中心位置。在这一时期，国民经济的主体是农业和手工业，商品经济极不发达，自给自足的自然经济在社会生活中占据主导地位，城市人口增长缓慢。古代城市形态上最明显的特征就是有坚固的城墙或城壕环绕，由于这些防御设施的限制，古代城市规模一般都不大，主要分布在灌溉条件良好的河流两岸或交通便利的沿海地区。这一时期城市的功能主要是军事据点、政治和宗教中心，但随着政治、军事中心的转移，一座城市的其他功能也可能随之消失。一旦城市的功能发生改变，即使自然条件依然如故，相应的硬件和软件都会随之改变。否则，这些硬件和软件不是过剩就是不足，或者只能废弃，城市就会失去生命力。

古代城市的外作用大于人文要素，在古汉字中，"城"字既指城墙，又指城市，因为古时筑城大多先要修筑城墙，还要在城墙外修护城河。最早的城市和城墙主要起防护作用，古人攻城或防御的武器以刀剑之类的冷兵器为主，而城市的城墙就起了有效防御敌人的作用(图1-1)。

图 1-1　古代城墙

2. 近代城市

18世纪中期欧洲工业革命的兴起，极大地推动了社会生产力的发展，也促使城市发展进入了崭新的阶段。工业革命终结了以手工业生产方式为主的时代，工业化生产取而代之，从而推动了产业化和地区分工，加快了商品经济的发展速度。在近代社会，政治功能仍然是城市发展中一个很重要的先导因素。但不同的是，城市的经济功能和作用比以往大大增强，它已成为决定城市地位、命运的另一个先导因素。工业化是城市发展的源动力，同时工商业集中的城市，需要相应的支撑系统，文化、教育、交通、通信、医疗等基础设施以及各种服务行业都得到相应的发展。这一过程吸引大量农村人口向城市集聚，城市规模不断扩大，城市数量增加（图 1-2）。城市结构日趋复杂化，出现明显的功能分区，同时，作为城市必要物质条件的基础设施明显改善，居民生活水平日益提高。但是，由于工业化进程存在差异，城市分布的地区差异十分明显。近代资本主义的兴起，也带动了城市其他经济职能部门的建立与更新。许多新的职能部门是围绕着三个市场的发育形成的，一是资金市场，二是商品市场，三是服务市场。除了城市经济功能的演变和发展之外，城市作为上层建筑中心地的功能也在发生变化。在近代，城市仍然是权力和意识形态的中心，政治权力仍然是城市发展的先导因素之一。经济主导权的转移，使资产阶级的政

图 1-2　近代城市

治地位上升，以金钱为支柱的政客和以理性为指导的思想家、宣传家把自己打扮成全体国民的代表，在城市中开展轰轰烈烈的反对专制、倡导民主的宣传。此外，近代城市的文化功能也逐渐向科学化、商业化和市民化方向靠近。

3. 现代城市

第二次世界大战结束后，大部分发达国家进入工业化后期，许多发展中国家也陆续进入工业化发展阶段，城市进入了现代化的发展阶段（图 1-3）。这一时期，世界范围内的政治、经济和技术领域发生了深刻的变化。一些殖民地和半殖民地国家纷纷摆脱殖民统治，相继独立；发展中国家政治地位不断提升，经济蓬勃发展。社会经济的发展达到了新的高度，社会产品空前丰富。许多发达国家掀起了整修和重建城市的浪潮，城市发展向深度和广度进一步延伸。科学技术发生革命性进步，新技术革命促进全球范围内经济结构、产业结构和就业结构的巨大变化。城市的发展进入了一个全新的历史时期。

图 1-3　现代城市

（1）现代城市发展的主要特点

1）城市发展进程加速，发展中国家的城市发展速度甚至超过了发达国家。据世界人口网数据统计，1950～1980 年，世界城市人口增加了 2.5 倍，其中发展中国家增加了 3.6 倍，城市人口年递增率为 4.2%，大大超过发达国家 1.9% 的增长速度。大城市规模继续扩张，出现大城市群或大城市带。大城市以其空间优势和集聚效益吸引人口，城市规模不断扩大，出现了如墨西哥城、圣保罗、纽约、东京、伦敦、上海等超千万人口的特大城市。城市范围不断扩展，大城市同周边中小城市组成城市群或城市带。这样的城市群或城市带，在发展中国家也开始出现，如我国的长三角城市群、京津唐城市群、珠三角城市群等。

2）现代城市功能综合性较强。随着产业集中、规模扩大，城市功能日趋复杂。由于生产专业化和社会化程度提高，城市对环境支撑系统的要求日益复杂。以服务性为主要特征的第三产业不断壮大，成为推动现代城市发展的主要动力之一，第三产业的发达程度成为衡量城市现代化的重要标志。同时，第三产业的发展使城市功能趋于多样化，城市不仅是工业生产中心，也是商业贸易、交通、通信、金融以及科技文化等中心。

3）城市环境空间组织发生新的变化。早期城市规模小，生产区和生活区毗邻，没有明显的地域分工。随着现代城市规模的扩大，经济活动日益繁盛，城市功能分区也日趋明显，并呈现出一定的规律性，如中心商业区、住宅区、近郊工业区等。此外，由于城市中心区人口密集、用地紧张及环境质量下降等原因，同时受益于现代化的交通进步，促使居民和企业不断向城市周边地区扩散，引发了城市发展的"郊区化"和"逆城市化"等倾向，进而促使单一城市发展为组合型城市。

现代城市，无论其职能、成分或者形态，都已极大地复杂化、多样化。城市拥有极繁复的内涵，但不论是哪种类型的城市，都是具有相当规模，以非农业人口为主的居民点，是人的社会活动的空间聚集地。

（2）城市问题

现代城市化的迅猛发展在给人类带来经济效益的同时，也造成一系列严重的负面影响，这就是"城市问题"或称之为"城市病"。这些问题主要包含四类：

1）城市人口问题。城市人口的持续增长使得城市自然环境的承载能力超负荷运行，随着城市的基础设施和房屋的不断建设，人与自然的矛盾日益突出。同时，伴随老龄化社会的来临，失业现象的加剧，城市人口问题日益严重，也引发了其他负面后果。

城市化使农村劳动力大量进入城市劳动力市场，而绝大多数农村劳动力都是非技术性的，他们的进入意味着城市劳动力市场中非技术劳动力供给增加，使非技术劳动力更加供过于求，这部分人在劳动力市场上缺乏竞争力，处于劣势地位。根据国家统计局发布的数据：2000年65岁以上老年人口已达8811万人，占总人口6.96%，与1953年第一次人口普查65岁以上老年人口为2620万人相比较，47年中增长了2.36倍，年均递增2.6%，快于全国人口递增1.6%的速度一个百分点。近十年社会老龄化速度加快，人口老龄化[⊖]已成为我国城市人口的一个基本问题，其对社会经济各个方面都会产生深远的影响。我国老龄化过程具有转变迅速、"未富先老"等特点，人口老龄化会在劳动生产率、储蓄率和人力资本三个方面来影响经济的增长，这将导致未来我国面临比其他国家更大的经济压力，图1-4展现的是城市人口老龄化对经济增长影响的途径。

⊖ 人口老龄化：是指总人口中因年轻人口数量减少、年长人口数量增加而导致的老年人口比例相应增长的动态。

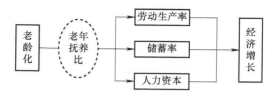

图1-4 城市人口老龄化对经济增长影响的途径

2) 城市支撑系统问题。城市人口过度膨胀,对城市支撑系统(包括道路、供水、供电、能源、土地、空气、森林、矿产资源、动植物资源)的需求与消耗与日俱增,造成城市资源短缺,城市支撑系统不堪重负,结果令各种资源供应不足。

2000年,全国669个城市中,有400个城市常年供水不足,其中有110个城市严重缺水,日缺水量达1600万 m^3。因水供应不足,城市工业每年的经济损失达2300亿元。同时我国正处在快速城市化阶段,城市化水平以年均一个多百分点的速度增长,相当于每年从农村转移1400万~1500万人到城镇。目前,我国的城市化水平是41%,到2020年估计达到60%左右[⊖],而城镇人口人均能源消耗是农村人均量的3.5倍,这必然会加大能源和资源的消耗。

城市的发展不可避免地要占用部分耕地,但我国的耕地严重不足,如1995年全国人均耕地约1.7亩[⊜],是世界人均水平的1/3。据国家统计局数据调查,1999年全国2300多个县中,已有666个县人均耕地低于联合国粮农组织确定的0.8亩的警戒线,其中463个县不足0.5亩。此外,水资源贫乏,在许多地区早已成为城市发展的瓶颈。20世纪90年代中期,全国660多个建制市中,有330个存在不同程度的缺水,其中严重缺水的达108个,32个百万人口以上的大城市中,

---

⊖ 建设部综合财务司. 中国城市建设统计年报2000[M]. 北京: 中国建筑工业出版社, 2001.
⊜ 1亩=666.6m²。

有 30 个长期受缺水的困扰[⊖]。另外，我国城市的生物资源也非常短缺，如城市绿地不足、生物多样性的缺乏等。

3）城市环境问题。城市人口密集，工业设施集中，产生大量废弃物，对水体、空气造成污染，使得环境恶化，严重危害人类健康。根据中国经济与社会发展统计数据库数据显示，2000 年，我国水、空气、噪声、垃圾污染突出，全国七大水系 1/3 以上的河段达不到使用要求，近一半的城市河段污染严重，大部分湖泊富营养化突出，近岸海域污染呈加重趋势；国家统计的 338 个城市中，有 36.6% 的城市达到国家空气质量二级标准，有 112 个超过三级标准，占监测城市的 33.1%；酸雨区面积占国土面积的 30%；城市垃圾年产生量 1.4 亿 t，无害化处理率仍处于较低水平。此外，生态恶化的趋势未得到有效遏制，水土流失、荒漠化、沙尘暴等生态问题严重，总体而言生态环境与城市化是相互影响的，它既促进城市发展，同时也限制城市发展[⊖]。图 1-5 所示的是城市化与生态环境的相互影响。

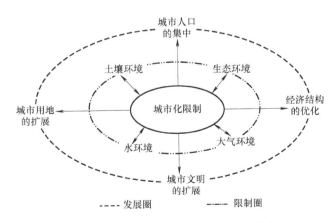

图 1-5　城市化与生态环境的相互影响

⊖ 国家统计局城市社会经济调查司. 中国城市统计年鉴[M]. 北京：中国统计出版社, 1996.
⊖ 郭娅琦. 城市化进程对城市生态环境的影响研究[D]. 长沙：湖南大学, 2007.

4）城市社会问题。城市人口数量巨大，引发过度竞争，导致失业现象严重。生活的重压，造成城市人群心理失衡、群体意识淡漠、社会责任感降低、人际关系冷淡、道德沦丧、犯罪率上升等一系列社会问题。这些问题具有普遍性，是现代城市阶段急需解决的棘手问题。

根据国家统计局对城镇居民家庭收入的调查统计发现[⊖]，2012 年最高收入户的 10% 的人均年收入是 69877.3 元，最低收入户的 10% 的人均年收入是 9209.5 元，两者相差 60667.8 元，相差高达 7.6 倍，这说明我国城市贫富差距较大，两极分化严重。

1.2　智慧城市的概念与内涵

城市运转在人类文明发展进程中占据主导地位，城市因为其内部存在运转被视为有机的生命体。所谓"智慧"，并不只是一个感性的说法，而是实实在在的现象。信息技术的快速发展助推了城市的发展趋势，带来城市生命的进化与进步，这种变化的不断演变使城市的发展表现为更为智慧的高阶生命形态。

1. 智慧城市的概念起源

智慧城市这一概念出现的时间不长。一般认为，2009 年 1 月 28 日，时任 IBM 首席执行官彭明盛（Sam Palmisano）首次正式提出"智慧城市"这一概念。但智慧城市、智慧社会的建设要早于这个时间，如韩国政府在 2004 年 3 月就推出了 U-Korea 发展战略，力求将韩国城市乃至全国提前推入智能社会；欧盟 2005 年 7 月开始实施"2010战略"，致力发展最新通信技术、网络技术、新媒体、新服务，并在 2007 年提出和开始推行一整套智慧城市建设方案；2009 年 9 月 IBM

⊖ 数据来源：国家统计局. [EB/OL].http://data.stats.gov.cn/easyquery.htm?cn=C01.

与美国迪比克市也共同宣布启动了美国第一个智慧城市建设。

智慧城市，狭义地说是使用各种先进的技术手段尤其是信息技术手段改善城市状况，使城市生活便捷；广义上理解应是尽可能优化整合各种资源，使城市规划、建筑让人赏心悦目，让生活在其中的市民可以陶冶性情、心情愉快，而不是压力重重，是适合人的全面发展的城市。可以说，智慧城市就是以智慧的理念规划城市，以智慧的方式建设城市，以智慧的手段管理城市，用智慧的方式发展城市，从而提高城市空间的可达性，使城市更加具有活力和长足的发展性。

2. 智慧城市的人本内涵

智慧城市就是有意识地、主动地运用先进的信息和通信技术，将人、商业、通信、运输、能源等城市运行中的各个核心系统加以整合，从而使整个城市以一种更加智慧的模式运行。有效地把"智慧"嵌入到城市系统的各个流动领域之中，使产品开发、制造、采购、销售和服务交付得以高效实现，使从人、资金到生活居住所需能源乃至微观世界的运行方式都更为智慧，使人们生活的方方面面变得更加智慧。

以人为本是智慧城市建设的出发点。人是城市服务的对象，智慧城市建设要关注人对信息技术的应用和服务的应用，突出人的直观感受。智慧城市充分利用计算机技术手段，对城市的基础设施和生活相关的各个方面进行全方位系统化、信息化的处理和利用，形成具有对城市资源、生态、人口、环境、社会等复杂系统数字的网络化管理、服务与决策功能的信息体系。全球有600多个城市在建设"无线城市"，建设智慧城市涉及的角色众多，包括城市管理者、城市的运营者、市民以及参与建设的企业、机构等。图 1-6 所示是以人为本理念下的智慧城市空间组织。

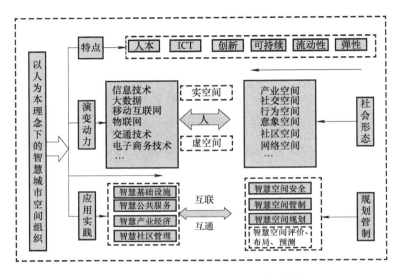

图 1-6 以人为本理念下的智慧城市空间组织

对智慧城市发展以及人本身认知的差异,会造成不同的人对智慧城市内涵的认识和理解不同,以下总结了从不同视角对智慧城市的理解。

从城市管理者的角度来看,智慧城市意味着一种发展城市的新思维、新策略,是城市发展的新角度,是一种在新一代信息技术支撑下,实现城市全面数字化后可视、可测量的智能化城市管理和运营模式,可以推动城市服务能力和管理水平实现跨越式提升。

从信息化专家的角度来看,智慧城市是城市信息化发展到高级阶段的一种形态,是城市的信息化经历数字化、智能化后的必然结果。

从市民的角度来看,智慧城市意味着生活品质、民生服务、居住环境等得到极大提升,新一代信息技术深入渗透市民的衣、食、住、行等各个方面,智能、便捷与舒适成为城市生活的典型特征。

在新的背景下,建设智慧城市要以国家经济社会发展战略为导向,顺应城市发展趋势,综合应用新一代信息技术,改善生活环境基础设施,提升自然资源使用效率,塑造和谐人文环境,努力打造一个兼顾经济可持续增长、民众宜居生活及社会和谐稳定的现代化创新生态城市。智慧城市的建设大致可以划分为 1.0、2.0 和 3.0 三个阶段。智慧城市的 1.0 是以单一目标的分散建设为主，这个时期的数据是分散的；智慧城市的 2.0 实现了以城市为单位的目标、架构和资源的统筹规划，形成了大数据的集中；智慧城市的 3.0 强调的是大数据的运营。

3. 智慧城市 1.0 向智慧城市 3.0 的飞跃

（1）智慧城市 1.0

智慧城市 1.0 是智慧城市发展的起步阶段。在这一阶段最明显的特征是行业信息化，所以这一阶段的智慧城市以垂直行业应用为主，围绕单一目标，主要由政府投资和运营。智慧城市建设在这一阶段是一个从无到有的过程，由于前期有政府的大量投资，初期增长速度较快，但受限于政府投资力度和处于发育期的市场未形成有效动力，总体发展程度有限。这一阶段的智慧化建设主要围绕公共部门，随着公共部门建设的初步完成，后期增速放缓。这一阶段的投资主体为以政府为代表的公共部门，是政府进行规划性智慧城市建设的开始。

全社会对于智慧项目的需求基本等于政府对于智慧化的需求，这种需求主要来自于政府本身对于提高办事效率和公共服务水平的建设需要，典型的包括政府办公的电子化等。部分地方政府会在提升自身智慧建设的同时布局产业园等智慧规划项目，但由于缺少建设经验和市场化推广模式，发展程度较低。在这一阶段，政府的主要目标是逐渐完善自身信息化建设，并探索智慧城市的建设道路。政府集中投入阶段的市场发展程度较低，源发于市场本身对于智慧项目的需求有限，市场投资方向和总量很大程度上有赖于政府相关优惠政策和相应的政府需求，投资的主要方向为对基础设施要求不高的智慧设备制造。成型的商业模式尚未形成，且受限于基础设施的发展程度，满足政府需求外的投资规模很难有较大幅度的增长。

（2）智慧城市 2.0

随着万物互联时代的到来，智慧城市从 1.0 迈入 2.0 是时代发展的必然趋势。与智慧城市 1.0 相比，智慧城市 2.0 的最大特点是从"建设"走向"运营"，即集新技术、新商业模式、新运营模式为一体，从行业解决方案上升到整体智慧产业规划和发展。

智慧城市 1.0 的发展为智慧城市 2.0 的发展奠定了基础，在此阶段智慧城市发展处于发展期和提升期，促进城市的智慧化是一项长期投资，在智慧城市建设探索期，政府仍然是"智慧化"建设的重要力量[⊖]。但由于市场需求的不断增加和智慧城市产业的不断发展，发展增速由慢转快，增长动力由政府主导转变为市场主导，智慧化核心内容由公共部门转向面向企业的产业智慧化。就公共服务而言，在促进政府内部信息有效流动等方向的大规模建设已经基本完成后，政府的基本需求已经得到满足，其需求逐渐转变为更广泛地整合社会信息，进而实现"智慧决策"。从投资方式角度考虑，政府对自身信息基础设施建设的投资有所减少，但由于对"智慧决策"的需求不断提高，投资领域因其需求的变化得到大大拓宽，投资方式由前期的大规模投资转为在社会各领域进行"精耕细作"。

在第一阶段的技术创新和商业模式探索的基础上，随着封闭产业链条的构建和进一步的市场开拓，以企业为代表的智慧产业建设的市场主体开始拓展面向产业和消费者的商业化智慧解决方案，并开始成为智慧城市建设的重要力量。传统产业的智慧化需求逐渐成为智慧城市建设的最主要需求，面向生活的智慧化解决方案因其庞大的潜在用户而开始迅速起步。

⊖ 孙传福. 宁波离智慧城市 2.0 还有一定距离，市人大代表支招破解[N/OL]. 凤凰宁波, 2016-02-26. http://nb.ifeng.com/a/20160226/4311326_0.shtml.

（3）智慧城市 3.0

智慧城市 3.0 阶段，是智慧城市发展阶段的飞跃期，在这一阶段政府不再是其发展的主要动力，智慧城市的建设主体已经由单一政府主体演变成多个主体并存的局面。但随着在后续运营过程中，城市管理智慧化水平的不断提高，政府仍然对智慧城市的发展发挥着重要作用。政府提出了要走集约、智能、绿色、低碳的新型城市化道路，从追求城市发展的速度转为追求质量。而智慧城市建设的目标是通过智慧化的管理方法和技术手段，改善市民生活，创新产业升级，提升服务水平，促使城市更加智慧、更加有品质地发展。智慧城市发展阶段如图 1-7 所示。

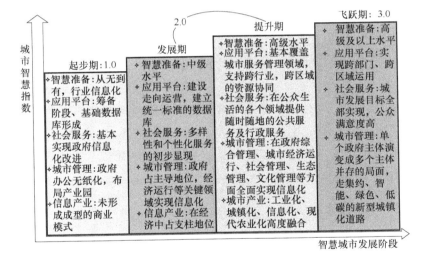

图 1-7　智慧城市发展阶段示意图

随着 2008～2011 年智慧地球、感知中国、第三平台等概念的提出，我国智慧城市的建设开始进入 3.0 时代：感知智慧城市。其主要特点是物联网技术开始大量应用于前端的感知与数据采集，3G 或

WiFi 技术用于数据的传输，云计算和大数据技术用于后端的数据存储、处理与挖掘，应用范围和服务对象比 2.0 时代更为广泛和深入。在这一阶段，公共、产业、生活三大领域都有较快发展，面向生活的智慧城市建设带动整个城市的智慧化建设进入高速发展阶段。在这一阶段，加强运营成为该阶段的核心任务，提高政府在管理智慧化方面的水平，强化政府的社会服务功能成为政府智慧城市建设的重点⊖。产业智慧化随着整个城市的智慧化水平不断提高而持续深化，面向生活的智慧化成为该阶段的重要增长点。商业模式创新和广泛的社会需求一方面给予新阶段智慧城市建设以强劲动力，不断扩展着智慧城市这一概念的深度与广度，同时推动公共领域和产业领域的智慧基础建设和总体建设水平的不断提高。

1.3　智慧城市试点与全面建设

从 2012 年底开始，我国陆续开展了三批智慧城市的试点工作，截至 2015 年上半年共公布了 277 个试点城市。各地城市申报积极，尤其第二批、第三批完全是地方政府自发地踊跃申报，积极性很高，这也反映了城市在主动寻找新的模式来更好地解决自己的发展问题。

1. 宁波模式

2010 年 9 月，宁波作为第一个在政府层面全面推动下实施智慧城市建设的城市，对我国智慧城市建设起到了引领和示范带动作用。宁波是全国较早提出智慧城市建设的城市，自 2010 年以来，宁波顺应"信息经济""互联网+""中国制造 2025"的新形势、新要求，加快以云计算、大数据、物联网等为代表的新一代信息技术的研究

⊖ 陈洲，舒晴. 智慧城市发展跨入 3.0 时代[N]. 中国改革报，2014-04-01.

和应用，以基础设施建设为支撑，以信息资源共享为基础，以智慧应用体系为推手，以智慧产业发展为突破，积极推进信息技术在民生服务、经济发展以及城市管理等领域的广泛应用，有效提升了城市运行效率、群众生活品质和经济发展能级，图 1-8 所示是宁波智慧应用体系建设⊖。

智慧交通	智慧制造	智慧安居服务	智慧公共服务	智慧健康保障	智慧贸易	智慧社会管理	智慧物流	智慧能源应用

	重点内容
智慧民生	智慧家居楼宇建设、智慧医疗、数字电视、数字图书馆
公共服务	行政审批、食品药品监督等公共服务平台的推进，智慧安保系统的建设、智慧交通的服务、建立起相关管理信息系统
产业经济	智慧物流，推动物流企业的信息技术应用；推动装备制造业信息化；发展网络市场，开发新能源产业，智能电网
发展路径	● 试点先行，形成示范，先易后难，逐步推广 ● 先行智慧健康保障与智慧物流两个应用系统，探索出智慧应用系统建设经验与成功模式，形成示范作用

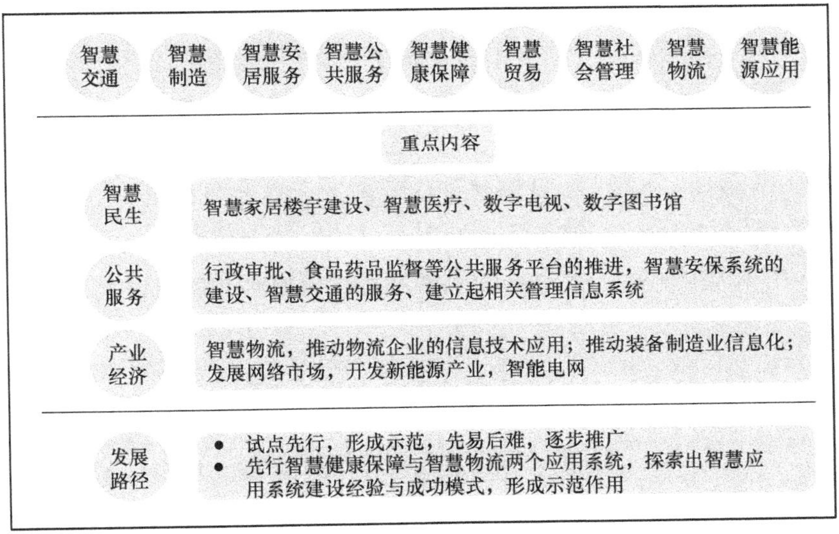

图 1-8　宁波智慧应用体系建设

"城市更聪明，民生更便捷"，宁波智慧城市建设始终坚持以人为本，倾力为民生。制定智慧城市总体规划伊始，宁波就对市民反映强烈的"城市病"进行了分类梳理，先后斥资 100 多亿元启动智慧交通、智慧健康、智慧公共服务等十大应用体系建设和运作。据统计，宁波"十二五"期间智慧城市建设的 87 个项目中，超过三分之一项目涉及民生服务。从城市的角度来讲，智慧城市的核心是城市，每个试点要

⊖ 储玉著. 新型城镇化进程中的智慧城市建设研究[D]. 兰州：兰州大学, 2015.

负起主体责任，每个城市都应该有自己的线路图，要分析发展的资源、环境、优势、区位分工等条件；基础设施，包含市政公用设施、网络设施、公共服务设施等，有没有改造和提升的空间；要有总体的规划，围绕着提升城乡发展业务；还需要信息化服务支撑，包括在城乡规划建设方面、公共服务和产业方面等。信息技术要跟业务更好地融合，结合生态文明与智慧应用，在符合城市的自然规律包括社会发展的规律下，满足市民的发展需要，最终让城市实现整体的发展目标。

建设智慧城市，必须基于强大的配套信息基础设施。近年来，宁波相继实施了"宽带中国"专项行动、无线城市和政府信息资源整合工程，花大力气提升信息基础设施的承载能力和服务水平。一张覆盖宁波城乡的高速光网已然建成，城区到户平均 30Mbit/s，农村到户平均 6Mbit/s，整个宁波的城域出口带宽则达到每秒 2.15Tbit，走在全省前列。而在空中，8300 个 4G 信号基站、1580 个免费无线上网热点和超过 1.2 万个 AP，编织起一张巨大的无线网，只要"一机在手"，天下事尽收眼底。同时，宁波还积极整合原有独立的信息系统，建立政务云计算中心，逐步形成了全市统一的信息基础设施服务平台、数据融合与共享平台、电子政务与智慧城市应用以及信息安全支撑平台，将"信息孤岛"互联成网，让"智慧因子"融入城市民生的方方面面。

2. 试点城市对人居环境的关注

我国有数百个城市，每个城市都有各自独特的功能定位和发展战略，这些城市在资源禀赋、信息化发展水平、城市定位等方面存在着显著的差异。这就决定了智慧城市的建设在考虑智慧城市建设共性的同时，还应注意对接城市的实际需求，注重立足城市特色，因地制宜地开展智慧城市的规划、建设、运营，以保障智慧城市建设既能满足城市服务管理需求，又能充分发挥城市的优势资源和个性特征，避免照搬其他城市的发展模式而造成不必要的损失[⊖]。经过短短几年智慧城市建设，部分试点城市已取得了瞩目成就：

（1）北京

北京率先使用"智慧城市"新技术。2012 年 3 月 16 日，北京市经济信息化委员会发布了《智慧北京行动纲要》，提出了城市智能运行行动计划、市民数字生活行动计划、企业网络运营行动计划、政府整合服务行动计划、信息基础设施提升行动计划、智慧共用平台建设行动计划以及应用与产业对接行动计划、发展环境创新行动计划八大行动计划。图 1-9 所示是北京市智慧城市的"智慧"应用。

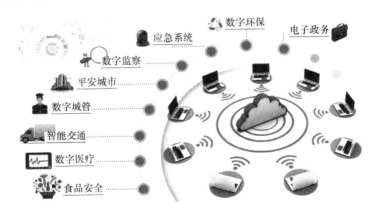

图 1-9　北京智慧城市的"智慧"应用

各计划相对应的试点示范工程包含智能交通、电子病历、远程医疗、智能家庭、电子商务等方面的智能计划。例如，在智能家庭方面，以居住证为载体建立全市联网、部门联动的实有人口信息系

⊖ 中国城市发展网.政策推动我国智慧城市试点建设分析[Z/OL].2014-07-03. http://www.chinacity.org.cn/csfz/fzzl/168537.html.

统；推广智能电表、智能水表、智能燃气表和供热计量器具，形成智能的电力、水资源和燃气等控制网络；推广"市民卡"（包括社保卡和实名交通卡等），使市民能持卡享受医疗、就业、养老、消费支付等社会服务；在智能交通方面推广车辆智能终端、不停车收费系统（ETC）、"电子绿标"等智能化应用；推动"三网融合"，建设城乡一体的高性能光纤网络，实现光纤到企入户，覆盖全市各社区（村）；在电子商务方面大力推广电子商务应用；在电子政务方面提高首都之窗网站群、政务服务中心、政府服务热线等，多渠道、多层级联动集成服务能力；在智慧安全方面，建设城市安全视频监控网络，建设全市统一的传感终端网络、政务物联数据专网、无线宽带专网及物联网安全保障体系；推动建设一批"智慧北京"体验中心、示范社区（村）、示范企业和示范园区等。

（2）无锡

2014 年无锡市从全球 16 个城市中脱颖而出，成为我国唯一的IEEE⊖智慧城市建设试点城市。为应对全球城市化挑战，IEEE 在 2012 年启动了智慧城市试点计划，按照一定的入选条件和要求，在全球范围内选择四个城市作为试点对象，IEEE 将对试点对象城市化进程中出现的情况和问题开展分析和研究，并提供实现城市智慧化所需的各类技术支持和智力支撑。该计划由 IEEE 下设的智慧城市工作组（Smart City Initiative Working Group）负责实施。无锡市城市规划编研中心副主任王波在《以"智慧规划"助推无锡智慧城市建设的研究》⊖中对无锡智慧城市进行了规划和设计，图 1-10 为无锡市智慧城市层次划分图。

⊖ IEEE：电气和电子工程师协会，成立于 1963 年，总部设在美国纽约，是电子技术与信息科学领域最著名的国际性专业技术学会。
⊖ 王波.以"智慧规划"助推无锡智慧城市建设的研究[J]. 江苏城市规划,2015（2）:9-15.

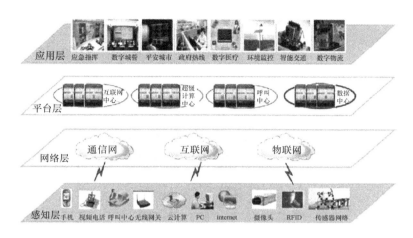

图 1-10　无锡智慧城市层次划分图

在 2014 年初，无锡市委、市政府出台《智慧无锡建设三年行动纲要（2014～2016 年）》，并计划每年将出资近亿元扶持智慧城市建设，打造"惠民、强企、优政"的全国智慧城市建设先行示范区。《智慧无锡建设三年行动纲要》以"感知中国、智慧无锡"为主线，以"让服务更高效、让城市更宜居、让产业更发达、让生活更便捷、让百姓更幸福、让社会更和谐"为方向，并实施 25 个领域提升工程，主要包括基础设施提升工程、信息安全提升工程以及智慧政务、智慧时空、智慧交通、智慧环保、智慧水利、智慧电力、智慧建设、智慧城管、智慧安防、智慧粮仓、智慧教育、智慧文化、智慧物流、智慧金融、智慧健康、智慧养老、智慧社区、智慧家居、智慧园区、智慧工业、智慧商业、智慧旅游等重点智慧应用提升工程。

（3）青岛

青岛作为山东半岛蓝色经济区核心区域的龙头城市，是国家电子信息产业基地，拥有国家家电产业园和通信产业园；同时，它在物联网、智能交通、智慧生活和城市节能减排等相关领域具有雄厚的技术基础，拥有电子政务云计算中心与灾备中心一体化、医药卫生信息化建设等七个示范工程，它的"数字城市""两化融合""无线城市"等均走在全国前列。山东青岛市自入选首批"国家智慧城市试点城市"以来，在"智慧城市"建设上取得了突出的成果。图 1-11 所示为青岛"智慧一体化"平台构建。

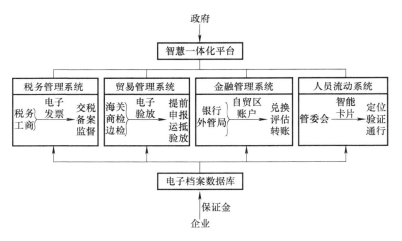

图 1-11　青岛"智慧一体化"平台构建

2013 年，青岛市发布了《智慧青岛战略发展规划（2013～2020年）》。规划指出，"通过智慧青岛建设，实现信息技术创新发展、信息服务无所不在、居民生活便捷安全的目标，到 2016 年，智慧青岛建设取得初步成效，形成智慧应用引领智慧产业突破发展的格局；到2020 年，智慧青岛建设效果全面显现，成为宜居宜业的智慧城市典范"。"智慧青岛"打造一个中心，三个平台，三套保障体系和两大着力点，即 1332 架构。所谓"一个中心"即城市云中心，包括基于感知设备、传输网络的信息资源中心以及公共云平台。"三个平台"分别是市民服务平台、企业服务平台、城市运行服务平台。其中，市民服务平台涵盖智慧教育、智慧健康等；企业服务平台涵盖智慧财税、智慧园区等；城市运行服务平台涵盖智慧环保、智慧交通等。"三套保障体系"即推进保障体系、信息安全体系、社会成长体系。"两大着力点"分别是智慧企业、智慧产业。智慧企业包括生产经营各环节信息化及产品数字化、网络化等；智慧产业包括云计算、移动互联等新一代信息技术产业以及 3D 打印、新型显示等电子信息制造业等。

3. 数量到质量的飞跃

　　智慧城市建设不是一蹴而就的，会随着社会经济的发展而不断提升，在智慧城市发展过程中，随着对智慧城市建设理论研究的深入和建设经验的积累，我国智慧城市正沿着起步期、发展期、提升期、飞跃期向前不断演进，智慧城市也将实现从"量"到"质"的飞跃。截至 2015 年年底，我国智慧城市已经达到 386 个，其中省级和副省级比例达到 100%，地级市比例为 74%，县级为 32%[⊖]。其中，中东部城市领跑，西部跟进并加快步伐。

　　智慧城市不仅是城市发展进程中不可逆转的趋势，也必将成为未来城市和人类生产生活方式的核心形态。智慧城市建设不仅是贯彻落实国家新型城市化战略部署的具体任务，同时也是扩大内需、促进产业转型升级，进而带动城市转型升级的有力抓手。智慧城市的发展可以推进城市的信息化和数字化，智慧城市的建设和城市信息化都是不断发展的过程。

　　数字城市主要从数字地球衍生出来，可以理解为一个物理世界，是现实城市客观的、虚拟空间的影射。智慧城市是新一代信息技术支撑、知识社会新一代创新（创新 2.0）环境下的城市形态，它是基于

⊖　中国社科院信息化研究中心,国脉互联智慧城市研究中心. 第五届（2015）中国智慧城市发展水平评估报告[R].北京：北京国脉互联信息顾问有限公司，2015.

物联网、云计算等新一代信息技术以及维基、社交网络、FabLab、LivingLab、综合集成法等工具和方法的应用，营造有利于创新涌现的生态。利用信息和通信技术（ICT）令城市生活更加智能，高效利用资源，实现成本和能源的节约，改进服务交付和生活质量，减少人类生产生活对环境的影响，支持创新和低碳经济，实现智慧技术高度集成、智慧产业高端发展、智慧服务高效便民、以人为本持续创新，完成从数字城市向智慧城市的跃升。智慧城市是城市发展的新高度，它能使我们整个城市的管理水平、建设水平、以及生活水平实现质的飞跃。

4. 全面建设期战略

　　智慧城市建设是我国新型城市化的重要内容，不仅代表着新时期城市信息化的发展方向，而且是实现城市经济转型、精细管理、优化服务的重要途径。作为一种城市建设的新理念和新模式，智慧城市不仅意味着管理更精细、居民生活更便利、公共信息更透明，还意味着资源配置更合理、生态环境更宜居、城市更有活力。可以说，智慧城市是过程也是结果，是信息化引领城市化的过程，也是以新理念、新路径和新模式发展而成的结果；是信息化和数字化阶段后迈向智慧化阶段的过程，也是信息化时代以新目标和新远景发展而成的结果[⊖]。当前，我国正处在加快转型升级的关键时期，推进智慧城市建设更是实现经济社会和城市发展转型提升的新支点和新动力。我国智慧城市全面建设期战略：

　　（1）加强国家层面的智慧城市顶层设计

　　智慧城市顶层设计是智慧城市信息系统工程长远发展的规划，是将建设目的、实施目标、知识体系、建设体系、实施计划、组织结构、技术应用、实现成果等所需的信息要素集成为"顶层规划"，是智慧城

<hr>

⊖ 阿龙.2015 中国智慧城市发展策略建议[J]. 中国建设信息, 2015（1）:47-49.

市纲领性和路线性的建设宗旨、目标和实施战略。因此，应成立国家智慧城市建设领导小组，由相关国家部委统筹智慧城市规划建设，制定国家层面的智慧城市顶层设计，确定各关键领域的实施措施，促进国家部委横向间的信息资源共享与业务协同，并为省、市、县等不同层级间各部门的信息共享与业务协同消除障碍。

（2）积极开展各省市因地制宜的实施方案

智慧城市建设应根据城市的性质、特点、功能和历史等要素做出因地制宜的专项方案，包括明确具体的建设目标和任务，以便建设中有章可循、循序推进；完善建设内容，构建各个领域完整的应用体系；规划落实城市各部门负责的业务范畴，以便建设中的分工和协调；优先规划基础性或示范性智慧项目的建设，以代表性和特殊性突出城市特色。因此，各省市在制定相应专项规划时，要切实结合本地区的经济、文化等环境，考虑自身的财政情况、人力资源、信息资源、基础设施水平、区域优劣势等方面的限制，按照城市定位、城市规划、城市管理与运营的步骤进行专项规划，突出城市特色，明确发展愿景，在完善战略规划的基础上，制定智慧城市分阶段实施纲要与行动计划。随着相关技术的进步和城市不断发展，智慧城市的具体行动计划应具有阶梯性、可实施性。

（3）建立特殊领域的政府主导运营模式

按照智慧城市的发展规律，加快智慧城市建设运营模式的实践探索，建立多样化的智慧城市建设运营模式，充分发挥政府、企业、市民等积极性，促进智慧城市健康、可持续发展。

政府是主导智慧城市建设的中坚力量，任何一项城市建设工程都需要政府的参与，政府要切实把握好自身定位，针对涉及国家政治、经济、军事、能源等命脉的领域，要建立完全由政府投资、建设、运营的管理模式，包括基础数据库、灾备中心及智慧政务系统等方面，以保证智慧城市重点领域的安全性。

（4）推动多方参与的运营管理模式

智慧城市需要多方主体共同参与协同建设，常见的参与方通常包括政府、企业、公众、媒体、研究机构、第三方等，三大电信运营商及技术服务商等企业已经在我国智慧城市建设的许多方面发挥重要作用，此外社会公众及第三方承担着自身利益代表者、规划过程参与者和监督者多重角色。因此，积极引导社会力量参与智慧城市建设，分担政府所要承担的建设费用和建设风险是十分行之有效的。对于智慧网管、智慧环保、智慧交通、智慧安全生产等基础领域可引入社会资本参与建设，对于智慧医疗、智慧教育、智慧养老、智能卡、智慧旅游等领域可以采取市场化或半市场化的运营管理模式，提升智慧城市的建设水平。

（5）重视科技创新，逐渐实现信息技术自主化

世界各国越来越多地将高新技术应用于城市的核心系统中，使城市部件之间能够互联互通和协同工作，实现高层次的智能。智慧城市建设离不开物联网、云计算等新一代信息技术的强力支撑。然而，在新一代信息技术领域，我国自主研发能力弱，对外技术依存度高，多项关键核心技术依然掌握在跨国公司手中。据不完全统计，我国电子信息领域的对外技术依存度超过 80%。因此，重视科技创新、自主创新，是保障我国信息自主、信息安全的重要一环，要做到优化技术创新环境，加强技术研发、应用试验、评估检测等方面的公共服务平台建设，着力推进企业与高校、科研院所的产学研合作，增进企业之间的合作，优化智慧城市技术创新的软硬件环境。

（6）重视人才培养，逐步提升全民信息化素质

十八大以来，我国一直强调人才的重要性，坚持以落实人才发展规划为主线，坚持人才优先，以用为本，高端引领，为现代化建设提

供智力支撑。如今，人才资源成为我国现代化建设的首要资源，切实做好人才培养与全民信息化素质教育工作是大势所趋。

1）完善人才引进及用人机制。完善人才使用机制与激励机制，提升信息化专业人才待遇，拓展信息化从业人员发展空间；落实高层次人才引进优惠政策，完善工作环境与生活配套设施，重点解决住房、异地社保转移等制约人才引进的突出问题；建立信息化高级人才交流机制，积极开展国际的人员交流活动；在人才引进、项目支持、创新奖励、住房福利等方面出台更有竞争力的激励政策。

2）完善人才培养体系。加强技术研发，关键在于专业人才的培养，为智慧城市发展提供强大的智力支持。要积极整合国内研发力量，加强针对智慧城市建设重点领域的关键技术研究，培养壮大一批掌握先进智慧技术的专业人才队伍。大力推进信息化人才队伍建设，建立健全信息化人才培养体系，加快培育复合型、实用型信息技术人才；引导本地大中专院校与企业的人才需求对接，重点培养紧缺人才和高级技术人才；鼓励产学研合作，在实际项目中培养与发现人才。切实有效地开展信息化与电子政务培训工作，普及公务员和社会从业人员的信息技术技能。

（7）完善的智慧基础设施，保障智慧城市的健康运行

进一步推广宽带化，三网融合，建立高速、宽带、融合、安全、无线的泛在网络信息基础设施。加强全国性与地方性的人口、法人、地理空间、宏观经济等基础数据库建设与整合，解决基础数据库重复建设、共享效率低等问题。加强各地云计算中心的科学规划及合理布局，防止由云的重复覆盖产生的资源浪费；鼓励与云计算相关关键技术的研发，创新云平台的服务模式，提升云平台的应用水平。加强各城市大数据系统的规划设计，形成全市统一的大数据管理、挖掘、决策支持平台，为智慧城市建设运营提供强有力的支撑。建立云计算、

物联网等领域信息安全标准体系，建立第三方安全评估与监测机制，为智慧城市建设安全提供保障。

（8）智慧化改造，优化传统信息服务业

在智慧城市建设过程中，信息技术的泛在性决定了其与很多行业都可以产生融合，而在信息技术作用下产业重组和融合可以孕育出许多新兴产业，比如智能电网、智能交通、智能医疗等新兴产业就是新一代信息技术与传统产业结合的产物，并伴随智慧城市建设和运营而发展，再比如围绕智能终端应用，可诞生出覆盖其全生命周期的各种服务业态。因此，充分将信息技术融合到现有产业中是智慧城市建设中行之有效的建设路径，通过"两化融合"、建设电子商务支撑体系、支持企业信息化示范项目等工程改造、提升传统产业的竞争力，快速摆脱旧有发展方式，使城市经济发展适应能力和抗风险能力得到提升。

（9）产业融合创新，推动智慧新兴产业

大力推进以"智慧产业"为代表的新兴产业蓬勃发展，创新商业模式，拓展相关应用市场，同时以智慧技术创新为依托，衍生全新的产业形态，推动城市产业升级，促进城市发展动力机制的转换。重点发展物联网、云计算等与智慧城市息息相关的智慧新兴产业。通过物联网实现对物理城市的全面感知，利用云计算等技术对感知信息进行智能处理和分析，实现互联网与物联网的融合，对包括政务、民生、环境、公共安全、城市服务等在内的各种需求做出智能化响应和智能化决策支持，从而引领相关产业的智慧化建设。总之，要充分调动智慧技术的力量来孕育和发展基于知识和信息的新兴支柱产业和先导产业，催生战略性新兴产业集群。

（10）以主体需求为中心，打造垂直整合的新型产业链

智慧城市的建设和运营涉及城市各项主体和各项领域，创新应用使构建完善的上下游产业链形成协同效应。例如，为城市提供高效便

捷的物流体系供应链，为城市项目提供租赁和创投等资金服务的金融链，为城市产业提供支撑环境的产业园等。巨大的市场机会将带来激烈竞争，以应用为驱动力，硬件产品供应商、解决方案供应商和运营商之间的边界将不断模糊、融合。未来产业链的变化将以"智慧城市主体需求为中心"这一主题为导向，相关企业只有做到与真正市场需求的零接触，才有机会把握产业链的主动权，因此其垂直整合的方向将尽可能地往产业链上下游延伸发展。

1.4　数字城市与智慧城市

　　智慧城市是数字城市发展的高级阶段，智慧城市是城市信息化的3.0。从数字城市到智慧城市的转变是城市信息化从以信息系统为本向以人为本转变的必然结果。智慧城市与数字城市的联系在于，数字城市是智慧城市的基础，智慧城市是数字城市的延伸、拓展和升华。从历史发展阶段的角度来看，两者是城市信息化发展的不同阶段。

1. 数字城市与智慧城市的换算公式

　　李德仁院士⊖曾将智慧城市描述为：智慧城市=数字城市+物联网。智慧城市通过城市全面数字化建立可视化和可测量的智能化城市管理和运营，使技术服务于人的需求。

　　数字城市的概念来源于美国。1998 年 1 月，时任美国副总统戈尔在一次演讲中首次提出了"数字城市"的概念。戈尔指出：我们需要一个"数字地球"，即一个以地球坐标为依据、嵌入海量地理数据、

⊖ 李德仁院士：摄影测量与遥感学家。1963 年武汉测绘学院毕业，1981 年获该校硕士学位，1985 年获德意志联邦共和国斯图加特大学博士学位。2008 年被苏黎世理工大学授予名誉博士学位。其是国家级有突出贡献的专家：1991 年当选中国科学院院士，1994 年当选中国工程院院士，1999 年 10 月当选国际欧亚科学院院士。

具有多分辨率、能三维可视化表示的虚拟地球。数字地球是指以地球为对象，以地理坐标为依据，具有多源、多尺度海量数据的融合，能用多媒体和虚拟现实技术进行多维表达，具有数字化、网络化、智能化和可视化特征的虚拟地球。数字地球发展至今，经历数字化、信息化、智能化三个阶段。数字城市是数字地球的具体体现，也是数字地球的主要组成部分。数字城市是城市地理信息和其他城市信息相结合并存储在计算机网络上的、能供用户访问的一个将各个城市和城市外的空间连在一起的虚拟空间，是赛博空间的一个子集。数字城市为城市规划、智能化交通、网格化管理和服务、基于位置的服务、城市安全应急响应等创造了条件，是信息时代城市和谐发展的重要手段。数字城市为用户提供了各种各样的信息，使其有身临其境的感觉，建设数字城市是城市信息化的系统工程。

智慧城市是在城市全面数字化基础之上建立的可视化和可量测的智能化城市管理和运营，包括城市的信息、数据基础设施以及在此基础上建立的网络化的城市信息管理平台与综合决策支撑平台。智慧城市是数字城市与物联网相结合的产物，包含智慧传感网、智慧控制网和智慧安全网。智慧城市与智慧电网、智慧油田、智慧企业等，都是构成智慧地球的重要组成部分。智慧城市的理念是把传感器装备到城市生活中的各种物体中形成物联网，并通过超级计算机和云计算实现物联网的整合，从而实现数字城市与城市系统整合。通过智慧城市，可以实现城市的智慧管理及服务⊖。

2. 从"信息"向"人"的跨越

20 世纪末到 21 世纪初"数字地球"演化为"数字城市"。"数字

⊖ 中国测绘新闻网. 李德仁：从数字城市到智慧城市[Z/OL]. 2011-05-27.http：//fazhan.sbsm. gov. cn/article/zjlt/201109/20110900091144. shtml.

城市"是指充分利用遥感技术（RS）、地理信息系统（GIS）、全球定位系统（GPS）、计算机技术和多媒体及虚拟仿真等现代科学技术，对城市基础设施和与生产生活发展相关的各方面进行多主体、多层面、全方位的信息化处理和利用，具有对城市地理、资源、生态、环境、人口、经济、社会等诸多方面进行数字化、网络化管理、服务和决策功能的信息体系"。

"数字城市"是实体物理城市在"数字空间"的映射，它与现实城市物理空间是分离的，而"智慧城市"是通过物联网把虚拟城市的"数字空间"与现实城市的"物理空间"联结为一体。智慧城市是看待城市的新角度，是城市发展的新思维。"智慧是探索与思考、通情达理、寻找真理的力量，是人类所特有的领悟、感悟、顿悟的过程和境界。"伴随着科学技术水平的不断提高，城市发展的形态也不断向前演进，人们对于城市的认识也在逐步地深化，以往人们对城市的最高认识程度是将城市作为生命体来对待。智慧城市它要求城市的管理者和居民不仅要把城市看作是一个生命体，更是要将城市拟人化来对待。图 1-12 所示是智慧城市、数字城市和实体城市三者之间的关系示意图。

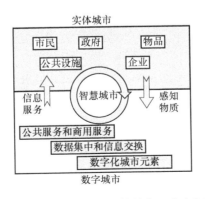

图 1-12　智慧城市、数字城市与实体城市三者之间的关系示意图

对比数字城市和智慧城市，可以发现两者之间存在以下方面的差异。

1）数字城市通过城市地理空间信息与城市各方面信息的数字化在虚拟空间再现传统城市，智慧城市则注重在此基础上进一步利用传感技术、智能技术实现对城市运行状态的自动、实时、全面透彻的感知。

2）数字城市通过各行业的信息化提高了各行业管理效率和服务质量，智慧城市则更强调从行业分割、相对封闭的信息化架构迈向作为复杂巨系统的开放、整合、协同的城市信息化架构，发挥城市信息化的整体效能。

3）数字城市基于互联网形成初步的业务协同，智慧城市则更注重通过泛在网络、移动技术实现无所不在的互联和随时、随地、随身的职能融合服务。

4）数字城市关注数据资源的生产、积累和应用，智慧城市更关注用户视角的服务设计和提供需求。

5）数字城市更多注重利用信息技术实现城市各领域的信息化以提升社会生产效率，智慧城市则更强调人的主体地位，更强调开放创新空间的塑造及其间的市民参与、用户体验，及以人为本实现可持续创新。

6）数字城市致力于通过信息化手段实现城市运行与发展各方面功能，提高城市运行效率，服务城市管理和发展，智慧城市则更强调通过政府、市场和社会各方力量的参与和协同实现城市公共价值塑造和独特价值创造。图1-13从社会背景、实质内涵、发展目标、技术支撑和实际结果五个方面对智慧城市与数字城市进行了比较。

区别＼类型	数字城市	智慧城市
社会背景	信息技术和信息产业的竞争及拉动经济增长等	产业结构调整及后金融危机时代提振经济信心的引擎等
实质内涵	数字化实质是用计算机和网络取代传统的手工流程操作	用智慧技术取代传统需要人工判别和决断的任务，达到最优化
发展目标	以电子化和网络化为目标	以自动化和决策支持为目标
技术支撑	卫星遥感、互联网、海量数据、存储、仿真和虚拟等技术	感知技术、物联网技术、下一代互联网和云计算技术等
实际结果	实现信息资源的数字化建库管理、分析展现和共享服务等预测决策支持等	实现信息采集和动态监控、数据技术和分析、互联协同、智慧化的利用开发和预测决策支持等

图 1-13　数字城市与智慧城市的差异

3. 攀升的物联网终端数量

物联网（IoT）的概念是在 1999 年被提出来的，它被看成是信息产业发展历程的第三次革命。物联网就是通过各种传感技术和各种通信手段把世界上的万物和人类所感兴趣的重要物体与互联网相连接，从而实现"管理、控制、营运"一体化的一种网络。物联网主要包括三个层面：一是物理层面，通过全面的感知、可靠的传输和智能处理，将物体的特性传感出来，形成物理层。二是信息传输层，就是网络层。最后一个是计算处理层，进行指令的反馈控制。这三个层面必须跟某一个应用紧密结合起来，离开了应用是不行的。物联网有三个特性：全面的感知、可靠的传输和智能处理。物联网有四个要素：传感技术、计算机技术、网络技术和应用技术。物联网产业是指与其配套的相关产业。其中传感器、各种终端设备以及中间件等，既形成传感器的产业也属于物联网产业，所以传感器本身又是一个技术，同时又可以发展成新的产业，是信息产业的重要组成部分之一。

　　智慧城市的构建离不开物联网技术的支撑，不仅智慧城市的实现有赖于物联网应用层中大量的针对各个行业及场景的专门应用解决方案的提出与实现，而且城市的智慧之处绝不局限于技术层面，更需要为本地产业、经济发展、人与自然的关系等方面注入智慧动力，通过这些方面的转型乃至变革，大幅度改善和提升城市竞争力。智慧城市是工业化、城市化和信息化交换的产物，也是可持续发展的必然。当前的城市建设规划多注重物联网建设，但物联网建设只是手段，建设智慧城市才是目标。物联网与智慧城市两者是相互依存、相互促进的关系，物联网为智慧城市服务，而智慧城市的建设一定要借用物联网、云计算、移动互联网新一代信息技术进行支撑。基于物联网的智慧城市实际上是城市信息从数字化、网络化向更高级的发展，它将促进我国能源有效利用、绿色环保，居民安居乐业和创新型国家发展。城市居民将通过物联网享受一切现代城市化成果，以期真正实现共同富裕、共同发展和共同进步。

　　Gartner 曾预测截止至 2015 年将有 11 亿个物联网终端设备在智慧城市中被使用，2020 年将增至 97 亿个。其中在智能化的住宅居家方面使用得将最为广泛，到 2017 年，智慧家庭中使用的物联网终端数量将超过 10 亿件。

4. 顶层设计的终极目标

　　城市发展、市民体验是智慧城市顶层设计的最终目标。2014 年八部委发布的促进智慧城市发展的文件中，明确要加强顶层设计。顶层设计涉及战略管理规划、空间建设规划、经济发展规划以及技术保障规划。

2014 年，中共中央、国务院印发了《国家新型城镇化[⊖]规划（2014～2020 年）》，明确并强调了将智慧城市作为提高城市可持续发展能力的重要手段和途径。据此可以理解，智慧城市是未来国家解决城市规划与设计必须改变传统城市规划以政府既定城市发展目标为原则的编制模式，转变为以解决城市问题为导向、以服务城市发展主体为根本的智慧化综合发展手段。智慧城市顶层设计针对智慧城市建设，从全局的视角和公众利益出发，进行总体架构的设计，对整个架构的各种方面的促进因素和负面的限制因素进行统筹考虑和设计。智慧城市顶层规划的目标是满足城市发展主体需求，让城市居民生活变得更加健康、便捷、高效、幸福；发挥信息技术和大数据的作用，以及实现城市的可持续发展（图 1–14）。

图 1–14　智慧城市规划全景图

⊖　我国表述"城市化"时采用的术语。经过不同的发展阶段，两者内涵从对立趋于一致，现阶段其内涵共识已被明确，但官方文件仍沿用"城镇化"。

从城市发展主体自身需求出发，借助信息化手段来辅助安排城市的居住、产业、交通、商业等各类功能空间，目的是为了使城市变得更宜居和宜业，最终实现城市可持续发展。智慧城市发展的本质体现在"高效"和"人本"两个关键词，是城市发展的一种高级阶段。"高效"主要体现在政府办事效率的提高、企业生产成本的降低、居民日常生活的便捷等方面，实现这些目标都需要通过大规模和共享性城市信息基础设施的建设来实现城市实时监控与管理，且强调传感设备、视频监控设备、射频识别设备、互联网络、通话网络等信息设施的科学选址和布局。"人本"主要表现在对城市发展问题和城市规划、建设及管理的各个环节都能充分发挥大数据的作用，通过位置、文本、视频、语音、情感等大数据的挖掘和模拟，掌握城市居民关注热点、活动特征及与土地利用的关系，从而制定智慧化的需求解决方案。智慧城市的空间是由众多不同级别的子细胞（空间）组成，且每个子细胞内部具有相对完整的城市功能要素（产业、空间、交通、生态、文化、景观、社区等），并与其他子细胞紧密联系，从而形成极其复杂但又有一定联系规律的复合有机体。其中，公共信息服务平台是智慧城市运行和管理的核心，而面向城市主体需求的功能空间整合则是智慧城市实现的关键。

智慧城市致力于实现城市经济增长与竞争力提升、社会公平与社会融合、资源与环境可持续发展，核心目标是城市的可持续发展，而要实现这一目标就需要一个科学、理性的顶层设计来引导和支撑。城市是人的城市，智慧城市的建设说到底就是为了让城市居民更健康、便捷、宜居、智慧地生活。

1.5　智慧城市人格化

1. 技术和以人为本是智慧城市的两大核心

智慧城市的建设是以技术为核心的，技术是实现智慧城市的手段，而物联网技术和云计算技术是支撑智慧城市的核心技术。在这个过程中有一系列的要素，包括基础设施、能源、医疗、教育等，都需要寻找到可靠有效的技术，将这些要素有机衔接，共同组成智慧城市的框架。信息通信技术（ICT）是智慧城市建设的核心驱动因素，信息基础设施的建设和各类信息技术（互联网、物联网、无线技术、移动通信等）的整合能够改变城市的面貌，创造大量潜在的发展机会，并帮助加强城市的管理和促进城市各项功能的顺利实现。但它们实现的基础是由信息技术及相关基础设施进行连接所形成的智能的信息网络。这样一个信息网络将城市中所有的人、所有的物连接起来，使其能在任何时间、任何地点都能进行互联实现信息的交流和共享，这是城市实现转变、创新、提升的技术基础。

从技术层面来看，"智慧城市"是以网络信息为基础的城市信息体系，其智慧能力的差别来自于对信息获取能力的差别，智慧的城市不仅需要更多的人能够随时获取和产生信息，城市里的各项基础设施也需要能够进行信息的自动采集、动态监管。从技术角度来看，就是各种各样的设备需要具备独立运算和联网的能力，嵌入式技术的发展使得这些成为可能，因此嵌入式技术是智慧城市的技术基础之一，它使得智慧的能力从人扩展到物品。

另外，以人为本也非常重要，因为智慧城市的最终目的是要让生活在城市里的人受益。因此，在建设智慧城市的过程中，除了政府要着手制定相应规划，还应鼓励市民和企业参与到智慧城市项目当中。

以人为本的理念是一种将人视作管理核心的观念，所有活动都是依据人的需求开展的，人的主动性、积极性、创造性在管理活动中起着决定性的作用。台湾著名管理学家陈怡安教授把人本管理的核心提炼为三句话：点亮人性的光辉；回归生命的价值；共创繁荣和幸福。城市管理的主体是人，服务目标是人，透过城市的表面现象，可以看到城市建设的整个过程都是围绕着人这一主导因素进行的。智慧城市建设是一个共创繁荣和幸福的过程，每个参与者都有一种城市主人翁意识，所有组织之间建立合作伙伴关系，打破原有政府部门、行业、组织之间的界限，把组织职能与智慧城市使命融合在一起，所有人在建设过程中贡献智慧，形成一体化管理的格局，所有组织、成员与智慧城市建设共生共长，在共同创造的繁荣中共同获得幸福。

2. 重庆的城市情节

重庆在智慧城市的建设中重点围绕大数据处理与内陆开放、产业升级、城市管理和惠民服务等深度融合，开展了智慧城市建设的积极探索。

（1）智慧城市应以互联互通的通信设施为基础

重庆作为直辖市和国家中心城市，目前已形成了航空大通道、港口大通道、铁路大通道三大国家级交通枢纽。在国家的支持下，重庆拥有航空、内河航运和铁路三种国家一类口岸，并匹配了三个保税区，实现了枢纽、口岸、保税区的"三合一"，这在我国几十个内陆城市中绝无仅有，由此奠定了重庆内陆开放高地和综合交通枢纽的地位。

（2）庞大的智能生产体系为智慧城市建设提供支撑

重庆抓住全球金融危机引发的产业重新布局的机遇，围绕产业垂直整合和集群发展，推动"整机+零部件""研发+生产""营销+结算"等全产业链一体化发展，形成了多品种、多规格的笔记本电脑、平板电脑、打印机、路由器、手机等智能产品体系，2015 年重庆智能终端产品产量达到 2.7 亿台件，同比增长 35%，产值达 3400 亿元，这为重庆智慧城市建设提供了产业和产品支撑⊖。未来战略性新兴产业集群又将形成 5000 亿元级规模的增量，成为重庆工业新的支柱。预计到 2020 年，重庆电子信息产业产值将达到万亿级，将为智慧城市各种数据信息广泛互联提供有力支撑⊜。

（3）大数据计算处理能力决定智慧城市的智能化水平

重庆推进的跨境电子商务、离岸金融结算、国际大通道物流等新型服务贸易，也在很大程度上得益于大数据和云计算的支撑。这些新型服务贸易借助互联网，技术含量高、附加值高、就业容量大、无区位障碍，完全符合低碳环保的可持续发展方向。

2015 年重庆市跨境电子商务发展迅猛，全年交易额接近 8 亿元，同比增长 12 倍。重庆的保税区内可设立跨国企业总部或区域结算中心，并通过开设离岸结算账户开展离岸结算业务。截至 2016 年 1 月，重庆发展离岸金融结算位列中国中西部首位，涉及企业 759 家，累计实现离岸金融结算 846.8 亿美元⊜。与跨境贸易、离岸结算等业务配套，重庆已有跨境贸易第三方认证中心及第三方跨境支付牌照的相关企业。它们依托大数据平台和系统，拉通跨境贸易报关、物流、资金流等各个环节，批量处理和解决贸易真实性问题，有助于降低跨国企业资金集中管理风险，并给跨国企业带来资金集中后的盈利新模式。

（4）智慧城市以城市运行的智慧化为归宿

智慧城市是新型城市化的内在要求。智慧城市建设，有助于城市

⊖ 数据来源：央广网.重庆去年智能终端产业产值达到 3400 亿元[Z/OL].2016-02-23.http//news.cnr.cn/native/city/20160223/t20160223_521438881.shtml.

⊜ 黄奇帆.重庆"智慧城市"建设正在起步[N].重庆日报，2014-09-22（3）.

⊜ 陈钧.重庆跨境电商去年交易额近 8 亿同比增长 12 倍[N].重庆日报，2016-03-21(3).

实现从管理到服务、从治理到运营、从零碎分割到协同一体的革命性转变，使城市管理服务的质量和效率产生质的飞跃，形成智能响应、绿色低碳、便民高效的城市发展新模式。

作为国家级"智慧城市"试点，重庆实施了"云端计划"和"大数据行动计划"，并取得了初步成果：一是城乡信息基础设施不断完善，"三网"融合和 4G 网络加快形成。二是信息技术与交通、市政、医疗、环保、公共安全、社区管理等领域的融合度迅速提高。三是智慧应用进入了一些领域，如智慧社区和智慧家居，重庆车联网应用也处于国内领先地位，远程医疗物联网平台在全国推广应用。

重庆"智慧城市"建设，尚处于起步期。重庆将统筹制定建设规划，坚持以人为本，突出绿色、低碳、便捷、高效。研究制定"智慧城市"的各种行业标准，为"智慧城市"建设扫除障碍。重庆市一直都在积极推进两江新区、南岸区、江北区和永川区四个国家智慧城市试点建设，并构建政务共享、信息惠民、信用体系、社会治理四大公共应用平台，连接"信息孤岛"，实现资源共享。建立健全与信息化相关的各种制度规则和法规，实现基础数据共享、行业管理独立、信息安全可控，并培育与此相关的社会文化。

3. 人与城市的未来

智慧城市常常被描述为通过设备在不同空间范围的配置以及多层级网络连接，提供关于人和物的动态连续数据，并形成城市物质与社会空间的决策信息流。但城市的智能化不仅限于此，通过开发智能技术使得这些数据能根据具体目标进行整合与综合才能真正实现城市的智能化，这也是实现城市效率、公平、可持续以及提升生活质量的重要途径⊖。智慧城市化是世界经济发展的大潮流与必然趋势，发达国

⊖ 蔡中为. 城市建设中的几个矛盾与问题[J]. 中国发展观察，2016(6):38-41.

家已先于我国进入智慧城市化的高级阶段，智慧城市化问题得到较为合理的解决，城市功能更趋完善合理，城市生活更宜居。中国城市化在 20 世纪末缓慢起步，于最近十年蓬勃发展，各个等级的城市，包括省会城市、地级市、县城都在大力推进城市化。

智慧城市是和谐社会得以实现的信息平台。城市管理本质是一个信息流动的闭环动态系统，这些信息代表着政府与公众、政府部门之间、政府与企业等多个主客体之间的关系，城市管理活动就是在海量信息的无序碰撞过程之中完成的。城市管理一直致力于理顺各种关系，梳理各种流程，明确各类信息，希望在管理过程中降低信息的无序性，达到较高水平的和谐状态。智慧城市的建设为城市和谐管理提供了有效的手段，一方面，信息化手段使政府能够更全面、更透彻、更快捷地感知信息，提高管理时效性；另一方面，信息化手段可以使政府的决策更为科学、执行更为高效、考核更为严谨，提高管理的科学性。由此可见，智慧城市通过一系列的智慧应用，如智慧医疗、智慧交通、智慧教育、平安城市、智慧金融等服务应用，能够理顺政府、企业、公民三者之间的关系，实现和谐发展的目标。

在智慧城市中信息对资源的配置作用将逐渐增强，管理机构和市民运用智慧技术实现对现有资源的精确掌控，减少了对各类资源的浪费，使它们得到更完全的利用。智慧城市低廉而高效的信息采集处理能力确保了公共管理和服务的精细化、人性化、集约化，为促进节约型社会的构建，实现城市的可持续发展提供了物质基础。在智慧城市的建设过程中，通过智慧交通系统、智慧医疗系统、智慧应急系统等一系列智慧应用工程的实施，城市交通拥堵、优质公共服务资源稀缺、应急能力不足等问题将迎刃而解。智慧城市建设为改善城市民生，提高城市综合管理能力，营造良好社会环境构筑新的平台。图 1-15 呈现的是未来城市发展的模式。

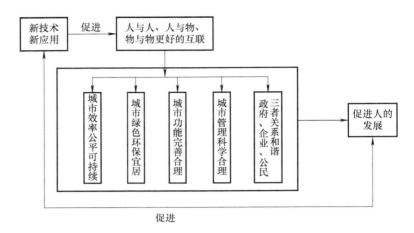

图1-15　未来城市发展的模式

　　未来城市是智慧的、以人为中心的，通过新一代信息技术的应用，从市民需求出发，以各种基础网络为支撑建设感知设施，通过信息的同步和分析提供智能服务。智慧城市的四大基本特征：全面透彻的感知、宽带泛在的互联、智能融合的应用以及以人为本的可持续创新，在未来将会全部得到体现。

第 2 章 | 城市创新系统与人文情怀

2014，《国家新型城镇化规划（2014～2020 年）》发布。该规划的发布，预示着智慧城市建设已经被提升到国家战略的高度。该规划要求推进智慧城市建设，并且指明了网络信息宽带化、规划管理信息化、基础设施智能化、公共服务便捷化、产业发展现代化和社会治理精细化六个智慧城市的建设方向。

建设智慧城市不是只有技术就万事大吉，还需要在顶层设计中强调人文建设。智慧城市建设的最高目的不仅要有物质与技术的便利、制度和秩序的保障，更要有人的幸福和梦想。以人文智慧引领智慧城市建设，是推进智慧城市健康发展的关键。

目前我国的基本情况是，科技型智慧城市是主流，管理型智慧城市受到高度重视，而人文型智慧才刚刚被提出。当下的智慧城市建设，如果脱离了市民日常信息消费和使用需要，智慧城市建设也就偏离了城市发展的本质和目标。

新型城市化强调"以人为本"，"技术"和"管理"只是建设智慧城市的手段，而人文型智慧城市才是智慧城市建设的终极目标。把"不可缺少的手段"与"不能抛弃的目的"有机地结合起来，才能为早日建成有意义、有价值、有梦想的中国现代化城市提供全面的信息化系统工程支持。

人文精神是从传统和历史中总结出来的传统价值、本土情怀。一个大众参与、人人自我约束、居民需求能得到精准及时的反馈和满足、依靠科技优化资源配置的城市才是人们需要的智慧城市。不仅如此，智慧城市还要有城市性格。城市在发展演变过程中会形成有地域特色的民俗文化，这是宝贵的人类文化财富。如果忽视文化的传承与发扬，再现代的科技也不能使人内心充实和幸福。

根据国家统计局的统计数据显示，2015 年中国城市化率已经达到 56.1%[⊖]，随着城市发展加快，环境污染、公共服务供给不足、交通堵塞等城市弊端不断暴露。如何实现城市优化与可持续发展，在信息技术推动下建设更加智慧的城市成为不可回避的关键议题。

2.1 盘活城市公共数据资源

1. 公共数据活化的共同趋势

2016 年 5 月 25 日中国大数据产业峰会上的数据显示，我国超过 80% 的数据在政府手中。如何将这部分公共信息资源活化，将沉淀在政府各个部门的"死"数据进行整合、梳理、关联、分析等，重新赋予数据生命，为政府决策、社会公众服务提供良好支撑，已成为政府部门当前考虑的核心问题。近年来，全球众多国家和地区在公共数据开放领域进行了积极尝试，包括美国、英国、法国、新加坡、日本等，充分发挥公共数据资源的价值，提高公共数据资源在城市的智慧化建设中的作用。当前，信息技术与经济社会的交汇融合引发了数据的迅猛增长，数据已成为国家基础性战略资源。

⊖ 数据来源：国家统计局.中华人民共和国 2015 年国民经济和社会发展统计公报[Z/OL].2016 [2016–02–29]. http://www.stats.gov.cn/tjsj/zxfb/201602/t20160229_1323991.html.

（1）公共数据资源的核心价值流

公共数据资源本身具有丰富的隐藏价值，其流动将公共信息资源价值传递，会产生更多的数据。目前政府的公共数据资源流动主要有三种方式，以市级环保局为例，具体如图 2-1 所示。

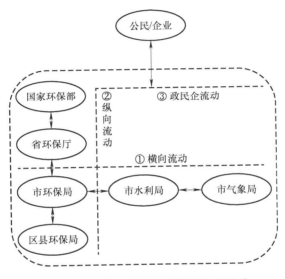

图 2-1　市级环保局公共数据资源流动

一是横向政府部门或职能领域之间的数据流动，主要以各个部门业务协同共享需求为主，如城市级各部门之间的交通数据、环保数据、政务数据、医疗数据共享等；二是纵向政府或部门之间数据流动，像省、市之间，市与县区之间的数据流动等，主要是以垂直业务系统之间的数据资源共享为主，如财务系统、税务系统等垂直部门之间的数据流动。横向和纵向的政府部门数据流动是政府内部数据流的重要组成部分。三是政府与公民和企业之间的数据流动，是指政府收集公民和企业的数据信息或政府把自身收集的数据信息通过共享和深度分析而为企业和公民提供服务的过程，如政府发布的地图、教育机构信息公开的数据等，这是政府外部数据流的重要组成部分。

政府通过数据流动产生价值，无论是上述哪一种数据流动，要想有效地发挥大数据公共治理的价值，都必须积极推进大数据流的共享、融合和深度分析，如图2-2所示。

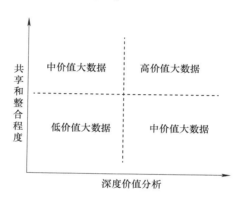

图2-2　大数据价值示意图

从大数据的整合共享程度与深度分析程度分析大数据流动创造的公共价值，也表明公共数据活化的三个阶段，分别是初级阶段、中级阶段和高级阶段。

1）初级阶段是大数据还处在低价值的阶段，大数据的共享和整合程度以及深度价值分析水平均处于较低的状态。这阶段的公共数据资源大部分还是掌握在政府及其相关部门，但政府公共数据呈现各部门分布分散、缺乏共享的碎片化状态，更缺乏对大数据资源的挖掘和深度价值分析。这阶段的公共数据资源对政府带来的价值最低，是一种大数据的浪费状态。

2）中级阶段是公共大数据资源处于中价值大数据阶段，大数据的共享和整合程度以及深度价值分析水平处于不相协调的状态。一方面公共大数据资源的共享和整合程度高而深度价值分析水平低，主要表现为政府各部门之间以及不同层级政府及部门之间的大数据实现了共享和整合，打破了以往政府大数据存在的"数据孤岛"状态，实现了大数据之间的共享和交流，但大数据对公共服务的价值还没有完全发挥出来；另一方面公共大数据资源的深度价值分析水平高且共享和整合程度高，主要表现为政府各部门内部通过先进的数据挖掘和深度的价值分析，为社会公众提供公共服务，但由于"数据孤岛"的存在，政府大数据的共享和整合程度较低，大数据公共治理价值的发挥仅仅限于一定的范围和一定的程度，大数据公共治理的价值和潜力还远远未能发挥。

3）高级阶段是公共大数据资源处于高价值大数据阶段，大数据的共享和整合程度以及深度价值分析水平都很高的状态。这主要表现为政府各部门之间以及不同层级政府及部门之间的大数据实现了共享和整合，打破了以往政府大数据存在的"数据孤岛"状态，实现了大数据之间的共享和交流。同时，通过先进的数据挖掘和深度的价值分析，充分发挥大数据在公共治理中的价值和潜力[⊖]。

（2）发达国家的相关做法

现在许多国家都非常重视大数据资源的利用和发展，并各具特色。通过借鉴发达国家的做法，可为我国政务大数据资源的共享与利用提供支撑。表 2-1 总结了美国、英国、法国、日本和新加坡五个发达国家对大数据资源的共享和利用情况。

⊖ 赵强, 单炜. 大数据政府创新: 基于数据流的公共价值创造[J].中国科技论坛，2014(12)：23-27.

表 2-1 五个发达国家政务大数据共享和利用

国家	策略总结	具体内容
美国	将大数据视为强化国家竞争力的关键因素之一，把大数据研究和生产计划提高到国家战略层面，并大力发展相关信息网络安全项目	● 立法先行，从数据开放法理设计出发，发布一系列法律法规，赋予社会公众政府数据获取权，设计政府数据开放原则，规定政府部门法定必须开放的数据范围，为数据开放提供坚实的法律实施基础 ● 以立法和政策双重工具，制定发布政府信息资源政策，大力实行"开放透明政府计划"，推动政府信息资源综合开发和利用 ● 以国家战略形式，通过强化信息为资产，制定相关政策战略为动力，推动政产学研互动，推动各级各类数据进入社会生产生活各环节，促进大数据产业的发展
英国	推动数据公开，积极促进大数据技术从科研向应用领域转化，在资金和政策上大力支持大数据在医疗、农业、商业、学术研究领域发展。加大资金投入，推动大数据技术快速发展	● 一是加大资金投入，推动大数据技术快速发展。2011年，英国商业、创新和技能部宣布，将注资 1.89 亿英镑用来发展大数据技术；2014 年，英国政府投入 7300 万英镑进行大数据技术的开发 ● 积极促进政府和公共领域的大数据应用，2012 年 5 月，支持建立了世界上首个开放式数据研究所 ODI（The Open Data Institute）；建立"英国数据银行"之称的 data.gov.uk 网站，通过这个公开平台发布政府的公开政务信息
法国	发展创新性解决方案，并将其用于实践，来促进法国在大数据领域的发展	● 2011 年 7 月，启动"Open Data Proxima Mobile"项目，挖掘公共数据价值 ● 2011 年 12 月，法国政府推出的公开信息线上共享平台 data.gouv.fr，便于公民自由查询和下载公共数据 ● 2013 年 2 月，法国政府发布《数字化路线图》，明确了大数据是未来要大力支持的战略性高新技术
日本	以发展开放公共数据和大数据为核心，以务实的应用开发为主	● 2012 年 6 月，日本 IT 战略本部发布电子政务开放数据战略草案，迈出了政府数据公开的关键性一步 ● 2012 年 7 月，日本推出了《面向 2020 年的 ICT 综合战略》，提出"活跃在 ICT 领域的日本"的目标，重点关注大数据应用 ● 2013 年 6 月，日本公布了新 IT 战略，阐述了 2013～2020 年期间以发展开放公共数据为核心

（续）

国家	策略总结	具体内容
新加坡	将大数据视为新资源，将新加坡打造成全球数据管理中心	• 2011 年 6 月启用政府分享公开数据的平台 data.gov.sg • 2012 年，新加坡政府公布了《个人资料保护法》（PDPA），旨在防范对国内数据以及源于境外的个人资料的滥用行为

在表 2-1 中可以看出，发达国家通过政策、立法、资金投入、技术研发、产业发展等方式推动公共数据资源的开放与利用。

2. 智慧公共服务的模式

（1）"互联网+"时代的公共服务模式转变

随着新一代信息技术的快速发展，智能终端日益丰富人们的生活，越来越多的公众开始习惯于通过网络获取公共服务。对应的政府对市民的服务模式开始从线下向线上转变，公共服务渠道变多，包括政府提供的网上办事平台、智能终端的 APP、微信公众号、微博，支付宝、微信等入口渠道等。市民更是可以通过线下实体大厅、电脑、手机等多种工具办理相关服务事项；在物联网、大数据和云计算时代，"互联网+政务服务"将呈现出轻装信息化与重装信息化相互融合的局面。

传统的重装信息化是以硬件设备为中心，通过网站开展互联网应用，投入多、周期长、收效慢。轻装信息化是一种共享型和平台型的信息化发展模式，它以应用为核心，利用各种网络共享平台开展服务，投入小、周期短、收效快，能更好地满足个性化服务需求。在政府统一的网络办事平台上，共享数据资源，推进应用服务微型化、APP 化等。

政府需要更加侧重公共服务体系重构，通过加快政府服务职能深化，推进基本公共服务均等化，对现有的公共服务系统进行大规模的整合，以实现互联互通和跨部门协同，提高资源共享水平，推动电子政务建设模式发生重要改变；通过简政放权，更高效更公平地配置资源，向市场、社会、地方政府放权，厘清政府与市场、社会等的关系，真正实现"用政府权力的'减法'换取市场活力的'乘法'"，用新思维破解问题。现今公众获取公共服务的渠道主要有线上渠道和线下渠道，线上渠道主要依托于互联网，线下渠道主要依托于一些传统的媒介。图2-3对公众获取公共服务的渠道进行了梳理。

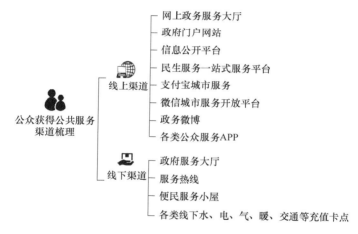

图2-3 公众获得公共服务渠道

在新阶段的电子政务创新发展中，互联网的作用越发明显。首先，互联网能够发挥市场"无形的手"的功能，将资本、资源引入供需矛盾突出的公共服务领域，实现有限资源的重新配置，并以公开透明的方式让用户去选择服务，这将对原有的政府提供公共服务的质量和效率提出更大的挑战。其次，互联网将使政府提供公共服务的方式方法更加公开化，对政府行为形成了更强大的监督，有利于政府的廉洁自律和自我约束机制的形成。最后，互联网提供的公共服务催生大数据产生，为政府掌握公共服务的供需状况、做出更为准确的决策提供了依据。

（2）智慧化公共服务模式特点

公共服务的便利程度直接与老百姓的切身利益相关。例如，把解决困扰群众的"办证多、办事难"问题作为推进"放、管、服"改革的重要抓手，全面梳理并简化为群众提供公共服务的流程，坚决砍掉各类无谓的证明和烦琐的手续，强调要加快部门间信息共享，真正做到便民利企，为大众创业、万众创新清障搭台。这是公共服务发展的重要方向。

公共服务是指由政府部门、国有企事业单位和相关中介机构履行法定职责，根据公民、法人或者其他组织的要求，为其提供帮助或者办理有关事务的行为。智慧的公共服务是通过加强智能化公共业务系统建设，提升城市建设和管理的规范化、智能化水平，实现城市公共资源的全民共享，积极推动城市中物质流、信息流和资金流的协同高效运作，从而提高城市的公共服务水平和运行效率，推动城市的转型和发展。智慧化公共服务模式具有以下三个特点：

1）最大限度地为市民提供便捷的服务通道。通过"在线化"实现政府的全方位管理和服务；围绕公众关注领域，构建一体化的网上服务大厅，实现网上办事"部门全覆盖、事项全覆盖、流程全覆盖"，为企业、群众提供一站式、跨地域、7×24 小时、公开透明的公共服务。与线下的实体政务服务大厅配合，开通各类线上城市服务渠道，如政府门户网站、线下智能服务终端、微信、微博等，通过"O2O"，实现线上线下资源重组、角色定位重新布局、渠道方式多样选择，有利于满足不同群体就近办、优先办、窗口办、柜台办、快递办、网上办等不同形式的服务需求。

2）最大范围地协同、共享、聚合各类服务资源。集约化是未来公共服务发展的重要特点，公共服务资源聚合、信息资源共享是智慧公共服务建设的重点。推进数据共享就是在构建汇聚政府数据资源系统平台的基础上，推动公共数据资源在不同服务部门以及上下级政府之间开放，有效推动服务供给和服务资源的整合，构建面向公众和企业的多级联动、规范透明、资源共享、业务协同的一体化在线公共服务体系，实现政务服务"一站式"网上办理与"全流程"网上效能监督。

为此，不但政府部门要加强协作，面向群众提供公共服务的国有企事业单位、相关中介服务机构也要基于数据共享，实现业务协同，这样才能从源头上杜绝各类"奇葩证明""循环证明"等现象，为群众提供更加人性化的服务。以最低生活保障制度涉及的财产和收入核查工作为例，民政部门在开展低保资格认定时需要借助人社、工商、银监、证监、保监、住建、公安等部门所掌握的数据资源才能准确判断。

3）形成科学的自服务型的公共服务生态模式。通过"自服务化"让用户真正参与进来，包括流程改造、主题设计、服务请求、用户定价、个性化定制和自动推送等，达到从"政府向我（G to C）"转到"政府与我（G and C）"的目的。以用户为中心是智慧城市建设发展的核心目标。智慧公共服务采用的是"以互联网为工具，以公众为中心，以应用为灵魂，以便民为目的"的工作模式。社会公众可以在任何时间、任何地点、任何方式获得所需的服务。

3. 个人数据安全

（1）个人数据源与泄露风险

互联网络高速发展的时代，个人信息与数据的交换日益频繁，网络资源共享与个人信息保护成了矛盾的统一体。一是线上的娱乐消费记录信息，互联网的存在是以计算机为基础的，个人利用计算机或智能终端登录互联网并在互联网上冲浪，这些个人信息和行为信息等将会被记录下来。二是金融服务信息，现在的银行等金融服务部门会在服务的过程中收集用户的姓名、性别、身份证号码、联系方式等数据。三是电信服务信息，电信服务部门会在服务的过程中收集用户的姓名、住址、身份证号码、联系方式等个人数据。四是政务服务信息，政府部门和公共服务机构如税务部门、教育机构、保险公司等也会在行政管理和提供服务的过程中收集公民的诸如收入、教育、身体状况等数据。

如果对这些收集数据的行为与收集的数据不加以规范，一旦与互联网传播相结合，将会导致严重的侵害个人权利的行为，具体个人数据的泄露风险存在于数据的采集、存储、使用与销毁过程中。图 2-4 为数据风险流程图。

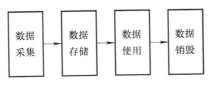

图 2-4　数据风险流程图

数据采集手段主要是通过计算机网络，用户在使用网络会形成大量的记录信息，这些记录被储存就形成了庞大的数据库。但这些大数据的采集并没有经过用户许可而是私自的行为，很多用户并不希望自己行为所产生的数据被互联网运营服务商采集，但又无法阻止。

互联网运营服务商通常会把其所采集的数据放到云端服务器上，并运用大量的信息技术对这些数据进行保护。但同时，如果基础设施薄弱或加密措施失效则会产生新的风险。大规模的数据存储需要严格的访问控制和身份认证的管理，但云端服务器与互联网相连使得这种管理的难度加大，账户劫持、攻击、身份伪造、认证失效、密匙丢失等都可能威胁用户数据安全。

互联网运营服务商采集用户行为数据的目的是为了其自身利益，因此对这些数据的分析和使用在一定程度上也会侵犯用户的权益。如网络购物，涉及的很多用户隐私信息，比如真实姓名、身份证号、收货地址、联系电话，甚至用户购物的清单本身都被存储在电商云服务器中，因此电商成为大数据的最大储存者同时也是最大的受益者。电商通过对用户过往的消费记录以及有相似消费记录用户的交叉分析能够相对准确地预测用户的兴趣爱好，或者用户下次准备购买的物品，从而把这些物品的广告推送到用户面前促成用户的购买，难怪有网友戏称"现在最了解你的不是你自己，而是电商"。

由于数字化信息有低成本、易复制的特点，大数据一旦产生很难通过单纯的删除操作彻底销毁，它对用户隐私的侵犯将是一个长期的过程。大数据之父维克托·迈尔–舍恩伯格（Viktor Mayer–Schönberger）认为"数字技术已经让社会丧失了遗忘的能力，取而代之的则是完美的记忆"。

近几年，各国均出现了严重的个人数据泄露事件，一方面说明互联网信息安全不仅对公民个人隐私和财产安全形成了挑战，而且也威胁到企业和国家安全层面；另一方面则说明，随着网民数量的增多以及近两年互联网金融热潮的兴起，公民个人隐私安全和金融数据安全面临的问题和隐患更加严峻，着实应引起有关部门的重视。表2–2梳理了美国、俄罗斯、加拿大、土耳其和中国五个国家的信息数据泄露事件。

表 2-2　五国个人数据泄露事件

国家	事件要点	具体详情
美国	美国第二大医疗保险公司遭黑客攻击,近 8000 万个人资料受影响	2015 年 2 月 5 日,美国医疗保险公司 Anthem 公司数据库遭黑客入侵,近 8000 万个人信息受到影响,包括姓名、出生日期、社会安全号、家庭地址以及受雇公司信息等
	全球数据服务集团益博睿(Experian)公司电脑遭到黑客入侵	2015 年 10 月 1 日,益博睿公司为美国 T-Mobile 公司处理信用卡申请的一个业务部门被黑客入侵,1500 万用户个人信息泄露,包括用户姓名、出生日期、地址、社会安全号、ID 号码(护照号或驾照号码),以及用户附加信息,如用于信用评估的加密方面资料等
	时代华纳疑似被黑,30 多万客户数据泄露	2016 年 1 月 8 日,据国外媒体报道,美国最大的有线电视公司时代华纳,近日表示旗下约有 32 万用户的邮件和密码信息已被黑客窃取
俄罗斯	俄罗斯约会网站泄露 2000 万用户数据	2015 年 1 月 26 日,俄罗斯约会网站 Topface 有 2000 万访客的用户名和电子邮件地址被盗
	俄罗斯黑客盗取 2.73 亿个邮箱信息,以 1 美元价钱贩卖	根据 The Guardian 的消息,一名俄罗斯黑客盗取了 2.723 亿个邮箱信息,其中包括 4000 万个 Yahoo 邮箱、3300 万个微软邮箱以及 2400 万个 Google 邮箱
加拿大	婚外情网站 Ashley Madison 被黑,用户信息泄露	2015 年 8 月份,加拿大婚外情网站 Ashley Madison 遭遇了黑客攻击,导致数百万用户的信息泄露。此外,黑客还公布了该网站母公司 Avid Life Media 的财务信息及 CEO 的往来邮件
土耳其	土耳其重大数据泄露事件,5000 万公民信息被泄露	2016 年 4 月 3 日,土耳其爆发重大数据泄露事件,近 5000 万土耳其公民个人信息牵涉其中,包括姓名、身份证号、父母名字、住址等一连串敏感信息
中国	社保系统被曝漏洞,社保成为个人信息泄露"重灾区"	2015 年 4 月,补天平台曝出重庆、上海、山西、贵州、河南等省市卫生和社保系统出现大量高危漏洞,数千万用户的社保信息可能因此泄露
	大麦网 600 多万用户账号密码泄露,数据已被售卖	2015 年 8 月 27 日,乌云漏洞报告平台发布报告显示,线上票务营销平台大麦网被发现存在安全漏洞,600 余万用户账户密码遭到泄露

（2）智慧城市中的个人数据安全

目前的个人数据安全问题较多，有两种情况较为普遍，一是数据未经授权被搜集，这种情况发生得比较多。二是超出范围使用，即指企业通过一定的所谓合法的形式拿到个人信息，但是拿到以后使用信息的目的、用途以及范围，并非信息权利主体所熟知。如当互联网对一些数据信息进行更进一步或者深层挖掘时，这种挖掘在一定程度上有可能侵犯了权利主体的权益。

目前我国涉及个人隐私的法律法规有 200 多部，但没有一部个人信息保护法。在没有上位法的条件下，更多公司运用大数据开展服务是否会产生问题，这让人担忧。很多消费者在用网络服务或者手机移动服务时，不知道自己的信息被搜集，因此，希望企业在一些新技术、新开发使用过程中，更多地尊重消费者隐私，尊重个人信息安全。

政务数据资源共享是智慧城市建设的核心，针对目前存在的较严重的个人数据泄露问题，本文提出以下建议：

1）以标准化手段推动智慧城市信息安全建设并进行合格评定，有利于规范和采信智慧城市的信息安全管理水平。

智慧城市标准体系将主要包括安全技术标准即智慧城市安全参考架构和技术要求、数据加解密、身份认证、安全传输、密钥管理、网络身份管理和信息标识标准，安全管理标准即智慧城市安全等级保护、安全管理制度、安全管理机构、人员管理、建设管理、运维管理标准，安全测评标准即网络安全评测标准和信息安全评测标准，新一代信息技术安全标准即物联网安全标准、传感网安全标准、云安全标准、大数据安全标准等，通过构建智慧城市信息安全标准综合体，以系统工程的手段，解决智慧城市信息安全标准缺失的问题，使得智慧城市信息安全迈上新台阶。

2）开展智慧城市信息安全检测和认证工作，提供信息安全的评价结果，传递信任、服务发展。

依据智慧城市在信息安全方面的相关标准，对相关系统、产品进行检测和认证，对技术队伍的服务能力及智慧城市的管理水平进行评价，向政府、社会大众提供认证结果，将有利于对智慧城市的安全水平进行识别。在智慧城市建设中发挥检测、认证的作用，借鉴网络安全审查的精神对物联网、传感网、云计算、大数据等方面的系统、产品以及技术支撑队伍进行甄别，促进智慧城市建设中关键基础设施设备的国产化进程，降低系统性、基础性的信息安全风险。

2.2　理解城市设计

城市的发展在历史的进程中起着举足轻重的作用，它聚集了人类，形成了社会，造就了王朝，如果说人类的历史是一篇篇古人留下的文字，那城市，则是一种用生死存亡演绎时代的活历史。

1. 城市设计的缘起

与城市规划不同，城市设计针对各地区城市化进程的异同，所理解的含义也各有不同。国内城市规划包括规划和设计两个部分，所说的城市设计是城市规划和建筑学的交叉学科；反观国外，城市规划和城市设计是两个不同的概念，城市规划是主要负责城市公共政策和方案，而城市设计多为从形体上着手，更偏向建筑的审美。

（1）中西方早期的城市设计思想

城市发展受经济、政治、文化等因素的影响很大。中西方由于文化、哲学思想不同，导致了城市设计思想的差异，进而造成了城市形态的不同。具体见表 2-3。

表2-3　中西方早期城市设计思想

国家	设计思想	具体特点
中国	儒家礼制思想	• 《周礼》的"营国制度""择中而立""居中为尊"等思想 • 不论都城设计、宫殿庙宇还是百姓住宅都讲究对称、均齐、规矩、等级 • 传统合院式住宅布局，如宫殿、王府、衙署、庙宇、祠堂、会馆、书院及其他建筑，乃至村镇、城市的布局等
	天人合一和象天法地思想	• 天人合一的思想，如春秋时期吴国伍子胥营建苏州城、越国范蠡营建会稽城时，都是"象天法地，建成大城""乃观天文，拟法于紫宫" • 秦朝咸阳城市的设计思想反映了天人合一的观念，天上的种种星象，与人间秩序一一对应 • 唐朝都城长安中的十三坊象征十二月加闰月，皇城南面四行坊象征四季，东为春、南为夏、西为秋、北为冬 • 明清北京城中南面建天坛
	相土、形胜、风水思想	• 在城市内部建筑的设置中，也强调一定的建筑设施的摆布 • 城墙环抱、四面设门，门内设神守卫，是中国古代城市的理想布局模式
	数字的应用	• 数字"3"代表了天、地、人合一的思想 • "5"代表了金、木、水、火、土和阴阳五行 • "9"象征着九重天，寓意尊贵
西方	古希腊	公元前500年，提出了城市建设的希波丹姆模式，这种城市布局模式以方格网的道路系统为骨架，以城市广场为中心
	古罗马营寨城	平面呈方形或长方形，中间是十字形街道，通向东、南、西、北四个城门
	文艺复兴时期	教堂或城堡不再是城市的中心，市政厅广场成为新的城市中心，这标志着神权与封建政权地位的下降以及资产阶级人权地位的上升

古代，西方以神学为中心，上帝至高无上，神庙和教堂及其广场占据城市中最好最高的位置。中国则以体现人间的统治秩序为中心，

君王至高无上，城市中以皇宫和官署为中心。

（2）"人本"的现代城市设计思想

工业革命后，近现代的西方城市空间环境和物质形态发生了深刻变化。由于新型武器的运用，使中古城市的城墙渐渐失去了原有的军事防御作用；同时，近现代城市功能的革命性发展，以及新型交通和通信工具的发明运用，使得近现代城市形体环境的时空尺度有了很大的改变，城市社会亦具有了更大的开放程度。

第二次世界大战后，发达国家经济恢复、重建，经济有了长足的发展，也积累了足够的财力、物力用于城市建设，使许多城市继工业革命后又一次获得了高速的发展。然而，由于过度依循形体决定论的建设思路，重视外显的建设规模和速度，特别是席卷西方的城市更新运动，对城市内在的环境品质和文化内涵掉以轻心，反而使得城市中心进一步衰退和"空心化"，不少历史文化遗产受到威胁与破坏，甚至有不断恶化的趋势。正是在这种情况下，人们才再一次提出城市设计这一"古已有之"的主题。20 世纪 50 年代末，特别是 20 世纪 60 年代以来，尊重人的精神要求，追求典雅生活风貌，古城保护和历史建筑遗产保护，成为现代城市设计区别于以往主要注重形体空间美学的主要特征。现代城市设计实践作为城市建设中的重要内容也得到了发展。各种理论和方法也应运而生，构成了现代城市设计多元并存的局面。

与此同时，现代城市设计在对象范围、工作内容、设计方法乃至指导思想上也有了新的发展。它不再局限于传统的空间美学和视觉艺术，设计者考虑的不再仅仅是城市空间的艺术处理和美学效果，而是以"人—社会—环境"为核心的城市设计的复合评价标准为准绳，综合考虑各种自然和人文要素，强调包括生态、历史和文化等在内的多维复合空间环境的塑造，提高城市的"适居性"和人的生活环境质量，从而最终达到改善城市整体空间环境与景观的目的，促进城市环境建设的可持续发展。确实，当时许多人都认为，过去那种追求理想模式的城市规划设计方法有很大问题，它使许多城市失去了自然朴实的生活特色。而在这方面，历史上那些"自由城市"，特别是中世纪的一些城市反而具有许多优点。如弗雷德里克·吉伯德（Frederick Gibberd）在《市镇设计》（TownDesign，1965）一书中指出："作为一个环境，中世纪的城镇是美好的，朴素而清洁的，理解它不需要理论或抽象的设计理论。"由于城市小和具有人的尺度的连续性，永远不会使人感到单调乏味；他还指出，所有伟大的城市设计者都应有"历史感"和"传统感"。

事实上，第二次世界大战后，人们心中所考虑的城市建设的主要问题已经转移到了对和平、人性和良好环境品质的渴求。与此同时，技术发展、人类实际需要、人类生理适应能力三者之间也出现了种种不协调现象。因此，现代城市设计实质上就是在城市环境建设方面减少直至消除这种不协调的调节途径。它以提高和改善城市空间环境质量为目标。同时，不再将整个城市作为自己的对象，而是缩小了对象范围，采取更为务实的立场。

表 2-4 从主导思想与价值观、设计对象、设计方法、客观认识和设计成果五个方面对传统城市设计特征和现代城市设计特征进行了对比。

表 2-4　传统城市与现代城市设计特征对比

分类	传统城市设计特征	现代城市设计特征
主导思想与价值观	"物质形态决定论"和"精英高明论"——即认为个别的智者的规划设计或统治者的力量可以驾驭城市	认为城市设计是一个多因子共存互动的随机过程，它可以作为一种干预手段对社会产生影响，但不能从根本上解决城市的社会问题

（续）

分类	传统城市设计特征	现代城市设计特征
设计对象	把整个城市看成是扩大规模的建筑设计，而不太注重具有应用性意义的和各种局部范围内的案例研究，未对城市建设形成系统认识	多是局部的、城市部分的空间环境。但涉及内容远远超出了传统的空间艺术范畴，而以人的物质、精神、心理、生理、行为规范诸方面的需求及其与自然环境的协调共生满足为设计的目的，追求舒适和有人情味的空间环境
设计方法	多用建筑师惯用的手段和设计过程，缺乏与其他学科的交流和互补	以跨学科为特点，注重综合性和动态弹性，体现为一种城市建设的连续决策过程，并常由某组织机构驾取
客观认识	在抽象层次上涉及人的价值、人的居住条件等有关问题，但对价值观、文化等差异化需求认识不足	认识自身在城市建设中的层次和有效范围，承认与城市规划和建设设计相关，但不主张互相取代
设计成果	一些漂亮的方案表现图	图文并茂，图纸只表达城市建设中未来可能的空间形体安排及其比较，文字说明、背景陈述、开发政策和设计导则在成果中占比图纸更加重要的地位

2. 城市设计理念和规划模式

（1）多元化的城市设计理论

随着城市化进程的加速，社会结构和体制产生巨变，近代市政管理体制的建立和逐渐完善，原先从文艺复兴时期传承下来的那套规划方法不再适用，客观上要求探索新的规划设计理论。但与此同时，城市也出现了空前的人口集聚和数量增长，产生了严重的环境污染及居住、工作以及生活条件和环境品质急剧恶化等一系列城市问题。现代城市规划正是在这种新的历史形势下应运而生并发展起来的。

霍华德与"田园城市"。英国学者埃比尼泽·霍华德（Ebenezer Howard）是现代城市建设史上一位划时代的人物，他的《明天——

一条通向真正变革的和平之路》(后改名为《明日的田园城市》),以对城市问题的超乎常人的关注和责任感,改变了城市发展的历史进程。

他从城市最佳规模分析入手,得出一组概念性结论,即花园城镇体系的设想主张。这一构思并不只限于形态设计和最佳人口规模的研究,而且附有图解和确切的经济分析。可以说,霍华德的分析方法是现代城市建设走向科学的一个里程碑。

霍华德认为:维多利亚时代的城市虽然到处充斥着贫民窟,在许多方面都不堪忍受,但不可否认,它还是充满了经济活力和机会的。农村虽然有大自然和清新的空气,但由于农业经济萧条,缺乏吸引力,因此也不能满足人们的各种需要。据此,他提出建设一种新型的"田园城市",把农村和城市的优点结合起来,并用这一系列田园城市来形成反吸引体系,把人从大城市中吸引出来,从而解决大城市中的种种问题。图2-5是霍华德田园城市的图解。

赖特与"广亩城市"。弗兰克·劳埃德·赖特(Frank Lloyd Wright)在1924年就已提出"广亩城市"概念,同霍华德的"田园城市",有某些细微的差别:从社会组织方式上看,霍华德的城市概念是一种"公司城"的思想,在花园城内试图建立劳资双方的和谐关系,而赖特的城市概念则是"个人"的城市,每家每户占地一英亩,相互独立;从城市特性上看,"田园城市"是一种既想保持城市的经济活动和社会秩序,又想结合乡村自然优雅的环境,是一种折中方案,而赖特则抛弃城市的所有结构,真正融入自然乡土之中;从对后世的影响上看,"田园城市"模式导致后来的新城运动,而赖特的"广亩城市"则成为后来欧美中产阶级的居住梦想和郊区化运动的根源。

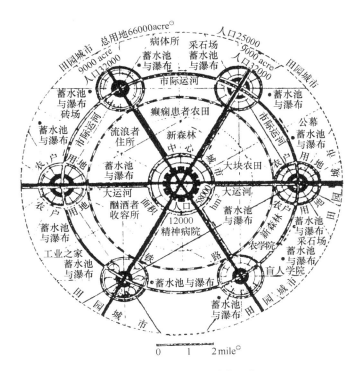

图 2-5　霍华德田园城市图解

机器主义城市设计。工业化大生产确实推动了人类文明的发展和技术的进步，在工业化大背景下需要研究解决城市的布局和人口集聚的问题。城市中各种要素的集聚是没有错的，但必须遵守一定的秩序。如果城市中的各种要素依据城市本质要求严格地按一定的规律组织起来，那么城市就会像一座运转良好的"机器"高效而顺利地运行，那么城市中的所有问题都将会迎刃而解。根据以上思路，法国人戛涅、西班牙人马塔、法国建筑大师勒·柯布西耶分别提出了"工业城市""带形城市"和"光明城市"等机器主义城市设计理想模式。

○ 1 英亩（acre）=4046.856m²。
○ 1 英里（mile）=1609.344m。

戛涅与"工业城市"。 法国人戛涅（Tony·Garnier）在 1917 发表了作品《工业城》，认为工业应在城市中起决定性作用，按照工业生产规律，各工业部门应该集聚在一起相互协作。在戛涅的设计方案中，他把一个不大的城市同一大群工业部门结合在一起，这些工业部门包括铁矿、高炉、炼钢厂、锻压车间、造船厂、农机厂、汽车厂和许多辅助设施。这些工业企业布置在一条河流的河口附近，下游还有一条更大的河道，可以用来进行水上运输。城市的其他地区与工业区相隔离，布置在一块日照良好的高地上。工业区和居住区之间有一个铁路总站，与铁路总站相邻的是旅馆、百货商店、市场等公共建筑。

戛涅的工业城布局是依据工业生产的要求而定的，而且首次把不同的工业企业组织成若干群体，对环境影响最大的工业，如高炉，尽可能使其远离居住区，而让纺织厂靠近居住区。他把城市中各种用途的用地划分得相当明确，使它们各得其所。

马塔与"带形城市"。 西班牙工程师阿尔图罗·索里亚伊·马塔（Autoro·Soriay·Mata）1882 在马德里的杂志《LE Progress》上提出了他的"带形城市"模式。

带形城市的主要出发点是城市交通，马塔认为这是设计城市的首要原则。在他设计的城市中，各要素都紧靠城市交通轴线聚集，而且必须遵循结构对称和留有发展余地这两条原则。马塔以一条宽度不小于 40m 的干道作为城市的"脊梁骨"，电气化铁路就铺设在这条轴线上，两边是一个个街坊，街坊呈矩形或梯形，其建设用地的 1/5 用来盖房子，每个家庭都有一栋带花园的住宅。工厂、商店、市场、学校等公共设施按照城市具体要求自然分布在干线两侧，而不是形成旧式的城市中心。"只有一条 500m 宽的街区，要多长就有多长，这就是未来的城市。它的两端可以位于卡迪斯和彼得堡，北京和布鲁塞尔"。马塔写道："带形城市将构成三角形的三条边，它们将在西班牙的地图上建立起一个巨大的三角形城市网"。

柯布西耶与"光明城市"。勒·柯布西耶 1912 年发表了《明日的城市》，1922 年在巴黎秋季美术展做了一个理想城市方案，取名为《300 万人口的现代城市》，这个方案设计了一个严格对称的网格状道路系统，两条宽阔的高速公路形成城市纵横轴线，它们在城市几何中心地下相交。市中心由 24 栋摩天楼组成，摩天楼平面呈十字形，周边长 175m。大楼周边是绿化和商业服务设施，其地下是一个由铁路、公路、停车场等组成的复杂交通枢纽。摩天楼的四周规划了大片居民区，由连续板式豪华公寓组成，可容纳 60 万居民。在板式住宅区外边则是花园式住宅区。此外在方格网道路系统基础上，柯布西耶又规划了很多相互交叉的放射形道路，为城市各功能区之间及卫星城之间提供最便捷的交通。他的指导思想是创造人类空间新秩序。

伊利尔·沙里宁有机疏散理论。面对大城市发展的困境，E. 霍华德和勒·柯布西耶提出了两种截然相反的解决方法。前者倾向于人口分散，实现"田园城市"的理想；后者倾向于人口集中，主张以先进的工业技术发展和改造大城市。建筑师伊利尔·沙里宁（Eliel Saarinen，1873-1950）提出了一种介于两者之间又区别于两者的思想——"有机疏散（Organic Decentralization）"理论。伊利尔·沙里宁的"有机疏散"思想最早出现在 1913 年的爱沙尼亚的大塔林市和 1918 年的芬兰大赫尔辛基规划方案中，而整个理论体系及原理集中在他 1943 年出版的巨著《城市：它的发展、衰败与未来》中。

（2）现代的城市规划模式

1）SOD（Service-Oriented Development），是近年来我国城市规划与建设中产生的一种新方式。所谓 SOD，就是通过社会服务设施建设引导的开发模式，即城市政府利用行政垄断权的优势，通过规划将行政或其他城市功能进行空间迁移，使新开发地区的市政设施和社会设施同步形成，进一步加大"生熟"地价差，从而同时获得空间要素功能调整和所需资金保障。一个成功的经典案例，是当年青岛市政府出让了老城区用地，而率先进入新区，实现了城市功能转移、空间疏解与优化、政府财政状况改善等多重目标。此外还需要指出的是，SOD 尤其是以政府为核心的行政中心转移，给社会带来的巨大示范效应和心理预期效应，是无法衡量的。

2）TOD（Transit-Oriented Development），作为一种源自城市规划的城市经营方式，已经被西方国家的城市政府广为采用。所谓TOD，就是政府利用垄断规划带来的信息优势，在规划发展区域首先按非城市建设用地的价格征用土地，然后通过基础设施（主要是交通基础设施）的建设、引导、开发，实现土地的增值。政府基础设施投入的全部或主要部分是来自于出售基础设施完善的"熟地"，利用"生熟"地价差平衡建设成本。TOD 模式运用成功的关键是在于政府行动领先于市场需求，只要判断准确、运作得当，对城市边缘的"生地"进行 TOD 的先期投入，其成功的可能性和回报率要远远超过现有建成区内的"熟地"。基于 TOD 模式的城市规划与建设是一种全新的概念，南京市以此理念重新规划新轨道交通线路的走向和建设时序。

3）AOD（Anticipation-Oriented Development），即规划理性预期引导的开发模式，这是一种城市规划—城市经营整合概念，是一种城市经营的新手段。如果说，TOD 是政府利用垄断规划信息带来的优势而进行城市经营。AOD 则是政府充分利用发布规划信息的诱导作用来进行城市经营。政府通过预先发布某些地区的规划消息，公开相关信息，来激发、引导市场力量进行先期的相关投入，以尽快形成与规划目标相一致的外围环境和所需氛围，以便于政府在最为适合的时机，以较小的投入即可实现原先的规划建设意图。例如，在《杭州城市发展概念规划》中，针对未来远期要形成的 CBD 地区，就提出导入 AOD

的概念：在钱江新城南岸（未来 CBD 核心区）以低廉的土地价格预征土地，并向社会明确发布政府未来的规划意图信息，以形成强大的社会心理预期，引导开发商在周边地区进行相应的开发，促使 CBD 所需的配套环境和氛围尽快形成。届时待建设时机与项目储备成熟，政府再进行 CBD 核心区的开发就水到渠成了，一定也可获得高额的土地资金回报。

　　上述三种模式中，土地都是城市经营的关键。由此可见，土地资产是城市建设资金稳定可靠的来源，要建立政府垄断的城市建设用地供应体制，严格控制土地供应总量，实行非饱和适度供应，合理调控土地和房地产价格。通过调控土地供应总量，控制城市建设总量和房地产开发总量。全面推行城市国有土地有偿使用制度，除法律规定可以继续实行划拨的用地以外，无论新增建设用地和存量划拨土地，都要通过政府出让、租赁、作价出资或入股等方式纳入有偿使用轨道，实行以地生财，增加城市财源。大力推行城市国有土地储备制度和土地使用权招标、拍卖制度，增加政府的土地收益，为城市建设聚集资金。城市土地资产经营收益应上缴城市政府，列入财政专户管理，主要用于城市基础设施建设和土地开发。

　　（3）西方国家的郊区化与逆城市化

　　逆城市化（Counter urbanization）强调的是随着后工业化的来临，人口在从大都市区流向非大都市区的同时，也在大都市区内部由大城市向中小城市流动。美国经济地理学界权威学者布赖恩·J.L.贝里（Brian J.L.Berry）在 20 世纪 70 年代中期，就敏感地注意到了大都市发展开始趋缓的现象。及至 1980 年，美国十年一度的人口统计结果显示：20 世纪 70 年代美国非大都市区人口增长率超过大都市区人口增长率，恰在此期间，西方其他发达国家也程度不同地出现了大城市发展迟滞的现象，由此，"逆城市化"一时间成为学者们津津乐道的话题。

正如城市化与都市化有着本质区别，郊区化与逆城市化是两个概念，郊区化是指城市中心的人们迁移到郊区去居住。该理念从出现到现在共经历了四个发展阶段：第一阶段是人口郊区化，第二阶段是制造业的郊区化，第三阶段是零售业的郊区化，第四阶段是写字楼的郊区化。从这个角度来说，逆城市化是郊区化的升级版本，它不仅包括了资源从城市核心区向郊区流动，也包括了资源从大都市向中小城市、农村地区流动。

3. 经典的"未来之城"和未来城市发展

巴西利亚的"未来之城"在城市尺度、功能分区、城市意象以及建筑设计等方面充分体现了以人为本的思想。

（1）乌托邦的伟大实践——巴西利亚

有人说，现代主义建筑的设计者试图通过改变城市空间来改变社会结构，这种乌托邦的社会理想在巴西利亚的城市设计之中体现得淋漓尽致。巴西利亚城区的规划设计巧妙，布局构思精细，令世人赞叹不已。站在城区最高的建筑物——218m 高的电视塔上俯瞰，城市就像一架喷气式飞机翱翔在蓝天之上："机头"是政府、国会和最高法院所在地的"三权广场"，东西朝向的机身前半部是联邦政府各部办公楼，后半部是巴西利亚市政府办公楼和体育场馆，伸向南北的两个"机翼"有序地分布着一栋栋的公寓大楼。"机身"与"机翼"的结合部是商业中心和市区交通枢纽之地。"机头"前方是筑坝蓄水形成的湖泊，呈"人"字形，蓝天白云、清风轻拂之下，正张开双臂拥抱自己的城市。

正因为这个天才创意的城市规划，使巴西利亚在 1987 年被联合国教科文组织列入"世界文化遗产名录"，成为世界上唯一荣获"世界遗产"桂冠的现代城市。更令人震撼的是，半个世纪之后，巴西利亚的城市规划并没有落伍或被破坏，仍然展现出蓬勃的活力和常青的规划理念。

首先，在巴西利亚有路无街，只见奔跑的汽车，难见行人。既然没有街道，也很难看到商铺、广告、霓虹灯等商业化的元素，也就没有夜总会、洗脚城之类的豪华消费场所。对于政府官员来说，没有腐败的条件；对于普通市民来说，也有效地抑制了穷奢极欲之心的膨胀。此外，巴西利亚 200 多个住宅区的格局完全一致，其目的据说是为了取消阶级差别。

但是很显然，规划和设计终究是无法改变社会现实的。虽然巴西利亚全城布满快车道和复杂的立交桥，虽然这里的交通永远畅通无阻，但只有拥有私家车的中产阶级才有可能在城区内居住。就连设计者在 2006 年接受记者采访时也承认，自己的建筑不能使富人和穷人走到一起，建筑总是以上等阶层为对象。那些建设巴西利亚的工人的后代，只能生活在城外的贫民区。

（2）未来城市的发展方向

在当前的"新常态"下，探索城市发展方式的转型成为规划工作的新主线，下面从纽约、东京、伦敦、首尔、巴黎五个国际大都市的城市规划来看未来城市发展的方向，见表 2-5。

表 2-5　国际大都市的城市规划

规划对象	规划名称	规划年限	愿景与目标	具体内容
纽约	《一个纽约——规划强大和公正的城市》	2015 年 4 月 22 日发布，目标年：2050	增长和繁荣的城市	纽约将继续作为世界最有活力的经济体，在这里家庭、企业和街区均能实现繁荣发展
			公正和公平的城市	纽约将拥有一个包容的、公平的经济，提供高收入的工作并为所有人提供拥有尊严和有保障生活的机会

（续）

规划对象	规划名称	规划年限	愿景与目标	具体内容
纽约	《一个纽约——规划强大和公正的城市》	2015年4月22日发布，目标年：2050	可持续的城市	纽约将是世界上最可持续的大城市，并会在应对气候变化方面作为全球领导者
			有弹性的城市	街区、经济和公共服务已经准备好经受各种挑战并且变得更强大，以应对气候变化的影响以及其他的21世纪的威胁
东京	《东京都长期愿景》	2015年2月公布，目标年：2030	目标1：举办史上最佳的奥运会和残奥会	1）成熟都市：把握东京的优势，成功举办体育盛会 2）通过用户至上的基础设施系统来展现城市 3）传递日本人的东京魅力
			目标2：实现东京的可持续发展	1）实现安全、安心的都市 2）实现福祉先进的都市 3）实现世界领先的全球都市 4）实现为下一代预备的，环境美好、基础设施发达的都市
伦敦	《伦敦规划》	2015年3月发布的最新修改稿，目标年：2036	1. 有效应对经济和人口增长挑战的社会城市	确保所有伦敦人拥有可持续的、良好的和不断提高的生活质量，充足的高质量房屋及街区；帮助解决伦敦人关于贫穷和不平等的问题
			2. 国际竞争力强、成功的城市	拥有一个强大和多元的经济，充分利用历史文化资源，发展经济，建设竞争力强、经济结构多样、创新和研发能力超前，让经济发展的收益惠及全伦敦人和全伦敦地区的城市
			3. 拥有多样、强大、保障和可达的街区的城市	增强社区归属感，为所有的伦敦人，不管种族、年龄、身份、本地居民还是访客，提供表达渠道、实现潜能的机遇，为他们生活工作提供优质的环境

（续）

规划对象	规划名称	规划年限	愿景与目标	具体内容
伦敦	《伦敦规划》	2015 年 3 月发布的最新修改稿，目标年：2036	4. 让人愉悦的城市	珍视自己所有的建筑和街道，拥有最棒的现代建筑同时充分利用自己的历史建筑，同时将它们的价值延伸到开放和绿色空间，自然环境和水道中去。为伦敦人的健康、福利和发展，实现它们的潜能
			5. 低碳节能的世界级环保城市	致力于全球和当地环境的改善，领军世界城市气候变迁应对，减少污染，发展低碳经济，节约能源，提高能源利用率
			6. 轻松、安全、方便，所有人能找到工作、机会和设施的城市	通过方便和有效的交通系统，鼓励更多的步行和自行车交通，更好地利用泰晤士河，同时支持所有规划目标的实现
首尔	《首尔规划 2030》	2013 年公布，目标年：2030	福利/教育/女性：无差别，以人为本的都市	1）对应超高龄社会的福利系统安排 2）任何市民都可以健康立足生活的构成 3）消除两极分化与不平等的社会体系的建成 4）可以毕生学习的教育系统的构筑 5）男女平等与社会性赡养的实现
			产业/职位：洋溢着工作活力的国际上升都市	1）一跃成为以创意和革新为基础的国际经济都市，实现经济主体间的同时发展 2）谋求以人们和职位为中心的地域上升发展 3）实现活力经济
			历史/文化/景观：具有历史的、愉悦的文化都市	1）生活中、呼吸中体现的历史都市 2）可以用心感受到的都市景观管理 3）所有人一起享受的多样化都市文化
			环境/能源/安全：所有生命都能放心呼吸的安心都市	1）公园主导型生态都市的组成 2）高能效资源循环都市的实现 3）一起创造和维持安全的都市环境

■ 智慧城市——以人为本的城市规划与设计

（续）

规划对象	规划名称	规划年限	愿景与目标	具体内容
首尔	《首尔规划2030》	2013年公布，目标年：2030	都市空间/交通/整改：居住稳定，出行便利的居民空间体都市	1）推进生存和工作环境协调型新都市 2）创造不用开车也可以便利地生活的绿色交通环境 3）可自由选择的安定的住宅空间的扩大
巴黎	《巴黎大区2030》	2012年12月公布，目标年：2030	连接和架构，实现一个更加紧密联系和可持续发展的地区	在国家层面提高开放程度；规划建设更好的交通系统；合理化本地交通；提升数字可达性
			极化和均衡，建立一个更加多元化、宜居和有吸引力的地区	产业能实现更加均衡的分布，围绕着轨道站点进行多中心布局，增加就业岗位，保证经济多元性，加密城市组团
			保护和提高，发展一个更加有活力、更绿色的大区	重塑城市与自然的新关系，将有价值的开放空间作为区域系统的一部分，关注生态连续性和城市边缘，以控制城市蔓延

可以看到，未来城市的发展更加注重环境、能源的可持续，人文与产业活跃发展等方面，这也正与我国在2016年召开的城市工作会议中提到的"创新、协调、绿色、开放、共享"发展理念相符。

2.3 智慧城市为消退的人口红利带来新的契机

改革开放以来，人口红利[⊖]不断转化为劳动力成本优势，推动我

⊖ 人口红利期：指人口转变过程中所出现的被抚养人口比例下降、劳动年龄人口比例升高，从而劳动力供给相对丰富的一个时期。

— 72 —

国快速发展成为收入中等偏上的国家。然而，与其他国家相比，我国人口红利来得快去得也急。随着生育率快速下降，人口老龄化加速，劳动年龄人口无论从占比还是从绝对数量看都在下降，人口红利减弱甚至消失已经成为我国经济必须面对的挑战。

1. 人口红利消退的影响

2012 年，我国 15～59 岁人口比上一年减少 345 万人，占总人口的比重为 69.2%，比上年末下降 0.6%，系我国劳动年龄人口数量首次出现下降⊖。据国家统计局最新发布的数据，截至 2015 年末，16 周岁以上至 60 周岁以下(不含 60 周岁)的劳动年龄人口 91096 万人，比上年末减少 487 万人，占总人口的比重为 66.3%，较上一年占比又下降了 0.7 个百分点，劳动年龄人口再减少 487 万人。这是我国劳动力人口连续第 4 年绝对量下降。与之对应的是老年人数量快速增长，截至 2014 年，我国 60 岁及以上的老年人口总数达 2.12 亿人，占总人口比重达 15.5%；2015 年，60 岁及以上人口为 2.22 亿人，占总人口的比例为 16.16%⊖。

随着人口红利的逐步消退以及我国经济的发展趋势，劳动力人口减少与老年人口的增多会为我国的社会经济发展带来一系列的挑战，致使经济衰退，产生大量的社会问题，但同时也能优化产业发展结构和驱动民生服务改善。

与日本在 20 世纪 80 年代、90 年代所经历的状况相似，我国在劳动年龄人口总数见顶开始回落之际，也开始经历了经济减速的过程。劳动年龄人口规模的下降是一把双刃剑，一方面，这的确在一定程度

⊖ 数据来源：中国超硬材料网.2015 年中国劳动力人数再减 487 万人[Z/OL].2016-01-19.http://www.idacn.org/news/content-30198-1.html.

⊖ 数据来源：邱海峰.专家：中国老年人口超 2 亿未来养老形势十分严峻[N/OL].人民网，2015-11-30.http://politics.people.com.cn/n/2015/1130/c1001-27869796.html.中国产业信息研究网.截至 2015 年底我国 60 岁以上人口已达 2.22 亿[Z/OL].2016-07-11.http://www.chinalbaogao.com/news/20160711/5279177EO.html.

上缓解了就业压力，但同时却也提高了劳动力成本，并影响到制造业和出口行业的竞争力。在一定程度上，我国此前所经历的那个廉价劳动力近乎无限量供给的时代已经一去不复返了，而在过去 30 年间，充足的劳动力资源供给是助推我国成为"世界工厂"的最主要动力之一。因此，我国必须寻找经济增长的新动力源泉，将原有的粗放型经济生产方式向精细化、智能化的生产方式转变，以适应人口变化所带来的劳动力市场变化的影响。

而经济增速的下降带来财政收入的下降，越是经济发达的地区，减速幅度越大，同时，政府收入也大幅下降。更重要的是，现在政府开支的增长速度要大大快于财政收入的增长速度，但经济增长减速带来收入增长减速这一基本趋势仍旧没有改变。而更为重要的是，未来，政府开支并不能随之减速。尤其是人口老龄化浪潮的到来对社会开支提出了更高的要求。社会福利和公共开支的增加，又反过来影响经济增长的速度。

人口红利消失伴随人口抚养比[⊖]的上升，加快了经济的下滑并引发更多社会问题。随着我国老龄化的加速，老年抚养比将提高很快。联合国经济和社会事务部预计，未来我国的老年人口抚养比将不断加速增长，到 2020 年底，我国的老年人口抚养比将从 2010 的 11.4% 上涨至 16.7%，增长 46.5%。如果人口政策在未来数十年不改变，我国的老年人口抚养比到 2030 年将达到 23.8%，2050 年将达到 39%[⊖]。

人口抚养比的上升，将会极大增加同期年轻人的负担，显然不利于整个社会资金的积累，甚至对于很多家庭会出现入不敷出的状况。

⊖ 人口抚养比是指总体人口中非劳动年龄人口数与劳动年龄人口数之比。通常用百分比表示，说明每 100 名劳动年龄人口大致要负担多少名非劳动年龄人口。人口抚养比中又分少儿抚养比和老年抚养比。

⊖ 数据来源：邹士年.及早应对我国人口红利消失带来的挑战[N/OL].国家信息中心，2015-05-11.http://www.sic.gov.cn./News/455/4581.htm.

人口抚养比的上升也不利于国民收入的合理分配和生活水平的提高，很多开支将集中到孩子或者老人身上，劳动人群会压力很大。而且随着人口老龄化进程的加快，老年抚养比不断升高，对代际关系、养老保险和社会稳定等一系列社会问题都会带来重大影响。

目前，我国劳动力构成已发生根本性变化，过去主要以初中及以下文化程度为主的劳动力供给结构已经被高中和大学毕业生为主的供给结构所取代。近几年每年新进入市场的劳动力大约 1600 万人，其中大学毕业生超过 700 万人，占比达 44% 左右；高中和中等职业学校毕业生 600 万～700 万人，占比达 40% 左右；而初中及以下文化程度的只有不足 300 万人，占比不到 20%。如果说过去以初中文化程度为主的劳动力供给带来的是人口数量红利，能更多地推动经济增长"量"的扩张，那么，现在的劳动力供给构成带来的则是人力资本红利，将更多地推动经济增长质量改善和效益提高。目前，我国经济转型升级步伐不断加快，无论从产值还是从就业来看，服务业都已成为最大经济部门。服务业的发展需要更多地依赖高素质劳动力，而我国劳动力供给结构变化正与经济转型升级的要求相适应。

人口红利消退将引起老年人口数量的增长，老年人口中寻求养老服务的比例升高，养老服务需求也将升级，满足不同层次的养老服务需求成为政府和社会共同面临的挑战，但同时为养老服务产业的发展带来机遇。

人口红利消失所带来的要素禀赋条件的变化，还会促进全社会更加公平地分享经济增长的成果。在人口红利条件下，劳动力无限供给使得劳动者工资水平难以提高，国民收入分配更多向资本倾斜。这是长期以来我国国民收入分配格局不尽合理的一个重要原因。人口红利消失，劳动力供求关系发生根本改变，必然推动工资水平提高，从而使得劳动者能够更加公平地分享经济增长的成果。从这个意义上看，人口红利消失后，老百姓从经济增长中获得的收益会进一步增加，经济增长会更多地惠及民生。

2. 智慧城市创造新的人口红利

人口红利的消退带来的核心问题是劳动人口减少和老年人口数量增多，对传统制造业的影响较大，对社会的养老服务需求增加。但目前信息技术的快速发展、创新以及融合应用逐步加快，我国的产业结构已从劳动密集型转向资金密集型和技术密集型转变，生产从依靠大量劳动力转向依靠技术和智力，对劳动人口的数量需求已减少，这与当前我国的人口供给结构非常匹配。而信息技术的应用为解决我国"养老难、看病难"问题提供支撑，更多的服务型人才供给使解决我国的社会养老问题成为可能，而这均是智慧城市的建设重点，也是智慧城市对人口红利消退起到的更加积极的作用。

（1）智慧城市推动智慧经济发展

中国正迎来数量型劳动人口红利向质量型智慧红利和技术红利转型，创新和互联网下的智慧经济带来了巨大的二次红利发展，而制度和市场环境的配合使得知识溢出效应转变为经济增长。

机器换人。 随着《中国智能制造2025》的加快实施，一批智能工厂、智能车间以及机器换人项目加快实施，缓解了目前招工用工难的问题，并通过现代化、自动化的装备提升传统产业，推动技术红利替代人口红利，提升工业制造自动化、精密化、智能化水平和提高产品品质。在"机器换人"过程中，具有"减人""增人"现象，减的是可重复工种的普工，增的是适配专业的新技术工人，未来对于只进行重复劳动的普工的需求肯定要下降，但专业的技术工人需求会大幅提高。

共享经济。 社会化大生产极大地促进生产力发展的同时也造成人的异化问题。流水线上高度紧张的、机械的作业方式，让人"异化"

为工具，引发了"富士康跳楼"等社会问题。相比正规就业，共享经济在闲置时间使用闲置资源赚取"闲钱"的特点，让从业者比较自由地进入或退出社会生产过程，更大化地释放出劳动人口的使用价值，因个人对社会的依赖而导致的强制劳动和被迫劳动问题也随之缓解。共享经济简化了供求之间的流程，真正实现了组织的扁平化，是一种完全建立在人与人之间平等、开放、互助关系之上的经济模式。

（2）智慧城市提升智慧养老服务

目前我国不少城市已经进入老龄化社会，人口红利正在消退，市民医疗成为城市社会面临的重大问题。结合智慧城市建设，提升老年人的养老服务水平是当前城市建设的重要任务之一。

智慧养老是指利用先进的 IT 技术手段，开发面向居家老人、社区、机构的物联网系统平台，提供实时、快捷、高效、物联化、智能化的养老服务。借助"养老"和"健康"综合服务平台，将政府、医疗机构、服务商、个人、家庭连接起来，满足老年人多样化、多层次的需求。目前北京、上海、广州智慧养老在构建多元化、多层次服务供给体系的同时，也初步形成智慧养老产业链。

再看国外的例子，英国和日本等国家进入老龄化社会相对较早，一些政策也更全面。英国老人通过地方政府一系列评估后，可选择居家远程护理（Telecare）。老人可获得政府免费提供护理需要的设施设备，包括通信设备、远程监护设备、花费小于 1000 英镑居住类护理设备，及用于残疾人在家独立行动的康复设施和设备。远程监控设备又涵盖固定安装的警报器、穿戴式警报器、防止滑跌的监测器、低位监测报器、癫痫发作监测器等。英国政府承担服务费用标准和老人收入、税收和失能程度有关。日本由于长期实行可覆盖居家护理服务和设施护理服务的长期护理保险制度，借助经济、福利政策，间接刺激了老年的消费欲望，逐渐形成较为完善的福利体系。

日本不仅鼓励机构采用先进的技术提高服务，近年来还逐渐形成"东京模式"智慧居家养老社区。在社区内设置一天 24 小时，365 天的综合服务窗口。在银发族综合住宅中充分利用科技设备，除设置危险呼叫警报器具外，还配备具有智能传感功能、能够检测出老人的血糖水平以及血压和身体脂肪的智能坐便器等。全部数据第一时间通过内置的互联网设备，以电子邮件方式发送到家庭医生电脑中。独居老人不仅可获得及时周到的服务，也享受居家养老的安全舒适性和独立自给性。

（3）新的人口红利再生

在人口红利消退的背景下，智慧城市建设能够在更多层面推动新的人口红利的出现。智慧城市建设让城市生活更美好，能够加快城市化建设，对人口的流动迁徙起到积极作用，这会产生新的人口红利。

城市化过程中伴随着大规模的人口迁移和流动，但是其中多数是非户籍的人口迁移流动。因此虽然生育和家庭问题仍然重要，但是生育问题已经越来越不成为中国人口发展的主轴，人口迁移流动和城市化战略将塑造未来中国的国土分布格局、决定城市化发展和城乡生活的基本面貌。新人口发展战略也将更加需要重视适应人口迁移流动和实现城乡统筹发展，适应人口大量集聚，对高密度城市区域提供平等性、整合性社会服务，提高城市运行的效率；适应人口迁移流动，完善城市体系和重视满足人口的民生福利需求。这样的以人的城市化为核心的新型城市化，通过实施社会整合和社会包容为基础的移民政策，将会成为未来新人口发展战略的重要支柱。

互联网所释放的不仅仅是信息，而是每一个人的创造力，是每一个人所拥有的一切资源，个人资源可以通过信息无限可达的网络空间去跟别人分享，从而创造出一种人类社会从来没有过的连接的价值。这是对人的能力的释放，对人类社会的发展具有重要促进作用，能使中国的人口红利得以延续，并开创一种完全不同的人口红利时代。

2.4　建立信息生态系统

智慧城市需要建立完整的信息生态系统，包括信息采集、信息汇聚、信息集成、信息加工和信息消费等方面。重点是推动城市范围内的数据沉淀、数据交易，带动家庭消费，并构成一个完整的信息生态系统。

1. 数据的生命周期

数据是反映客观事物属性的记录，是信息的具体表现形式。数据经过加工处理之后，就成为信息，而信息需要经过数字化转变成数据才能存储和传输，以下探讨数据的生命周期。

数据的生命周期指数据从产生到利用再到老化消亡的一个过程。其是一个动态循环运动，也是数据自身价值不断形成、实现和不断增值的运动过程。数据的生命周期是指对数据资源的采集、处理、呈现和应用的全过程的规划、建设、运维和管理，是一项规模浩大、复杂的系统工作，以"昆虫破蛹化蝶"生命周期作为参考，共经历四个阶段，如图 2-6 所示。

（1）数据结蛹

此阶段是城市级数据资源系统的生命周期起始期，在战略层面从生命周期角度考虑智慧城市信息生态体系建设，要紧密结合整个城市信息化发展规划，避免数据的重复采集，对城市数据进行诊断，构建数据资产清单，充分利用云存储，建立数据资源库，为数据资源的高效存储和便捷处理提供更为直接的支持。

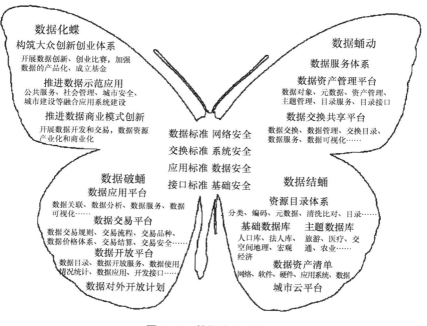

图 2-6　数据生命周期

（2）数据蛹动

　　智慧城市信息资源生态系统的信息联动意义重大，它直接涉及后续的信息资源利用效率，该阶段应制定相关标准和规范，建立数据清洗、共享、比对等规范标准，构建数据交换和共享平台，推动城市各领域之间数据的联动，有效保证城市数据资源的流动，增强数据资源的可靠性。

（3）数据破蛹

　　此阶段是智慧城市信息资源生态系统建设成果初显阶段，该阶段探索城市数据开放，搭建数据开放平台，建立数据开放的法律法规体系，建立社会各方广泛参与政府数据资源开放利用的良好氛围，探索数据资产评估、交易，建立地方立法保障的数据交易市场，为下一步深入挖掘数据资产价值做好支撑。

（4）数据化蝶

该阶段是智慧城市信息资源生态系统建设的价值实现阶段，通过对各个领域的海量数据信息的整合、分析、应用，在社会治理、经济运行、民生服务等领域开展大数据应用示范，促进大数据应用增生，使大数据成为城市新的产业经济增长点，实现数据驱动城市发展。

2. 生态化的信息系统特征

智慧城市信息资源生态系统围绕数据生命周期，通过城市信息资源的梳理和基础分析，可以完整反映城市信息资源的现状，城市信息运维管理实现将不同来源、不同类型、不同应用的数据进行规范、整合，形成城市数据资源体系，并对外提供统一的数据共享和信息服务，实现对内共享交换，对外开放应用，通过对数据综合分析和应用，实现全方位城市管理目标，形成城市的"大脑中枢"，提升城市社会治理、经济运行、民生服务等利用大数据的能力。

（1）数据资产清晰化

通过全面梳理城市数据资源，掌握了解城市的信息资源现状及整体信息化发展程度，梳理数据资源与政府部门、政府业务与政府权力之间的关系，摸清有哪些数据资源，如何产生，分布状况，由谁管理等问题，对城市的数据资源的属性进行描述和组织管理，支撑数据资源的定位、交换和服务。

（2）数据运维标准化

围绕数据的生命周期，建立数据标准规范体系，通过数据采集、数据建设、数据交换共享、数据开放应用等标准体系的建立，来解决目前面临数据多头采集，重复采集，数据命名、类型、格式差异，数据不能及时同步更新，部门间的数据不一致，技术多样化等问题，使数据的整体运维能够做到有章可循、标准统一。

（3）数据管理规范化

制定信息资源体系的管理办法，厘清数据资源的采集、传输、存储、管理、应用等权限职责和保密协议，同时明确数据资源的提供方、使用方和管理方的责任、权利和义务，建立数据资源共享、交换、开放规范体系及数据资源安全管理制度，为整个城市的数据共享、开放和利用提供支撑，实现城市级数据体系可持续发展。

（4）数据呈现可视化

将数据库中的海量数据根据特点进行有效的提取、整合，把不同的数据源集中在一起，通过多样化的前端分析展示工具，生成动态的、实时的、交互式的图形和图表，可以依据不同的维度、主题观察数据，从而对数据进行更深入的观察和分析，通过实时数据图表发现问题、做出预测、进行调度。

（5）数据应用价值化

通过大数据与金融、旅游、医疗等行业的融合，驱动城市经济增长模式创新；通过促进交通、教育、治安等数据资源的开发利用，实现民生服务普惠化；通过促进环境、空气、水文数据的实时感知和智能预测，发展现代化文明；通过促进政府治理的公开化和透明化，推进政府治理能力现代化。

3. 构建生态化的信息系统

智慧城市信息资源生态系统架构基于智慧城市的技术体系架构，以数据的获取与存储作为底层的支撑，以数据交换、挖掘、管理和运维作为整个体系架构的核心部分，在此基础上对城市提供多样化的应用，促进大数据产业发展。图2-7为智慧城市信息资源生态系统架构。

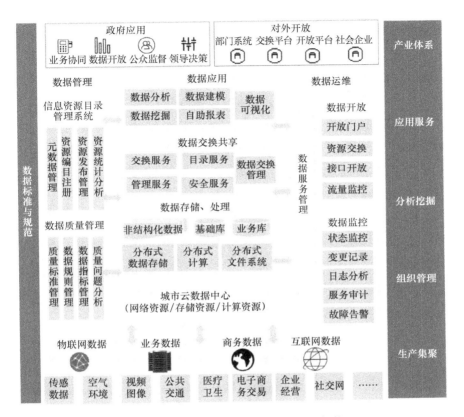

图 2-7　智慧城市信息资源生态系统架构

（1）感知层：数据资源的来源

城市的数据来源广泛、结构多样，一是基于传感器、GPS 等现代信息技术产生的实时数据，如空气、环境等数据；二是交通、医疗、卫生、教育等业务的传统结构化数据以及在此基础上延伸、扩展后形成的海量非结构化数据；三是基于互联网产生的新数据，如微博、微信、论坛等社交媒体产生的数据。

（2）基础层：数据资源的云化

数据的基础层采用云计算的架构，政务云计算中心作为城市级数据资源体系建设重要的基础设施，主要包括计算机、存储设备、网络设施等资源，利用虚拟化和云计算将大量相同类型的资源构成同构的资源池。

（3）支撑层：数据资源的存储与处理

数据资源的存储是城市的基础信息资源的汇聚，是其他应用的基础数据，包括人口、法人等基础数据库和行业主题数据库。数据资源的处理是城市级数据资源体系建设的核心，负责将海量的数据进行分类、聚集、清洗，实现对数据的活化。

（4）共享层：数据资源的流动

数据的共享层是实现数据交换共享及融合应用的关键层，通过利用数据交换共享平台，整合原来分散在各领域的城市数据资源，提供数据适配、数据转换、数据交换等服务，满足城市各领域数据资源共享交换的需求，实现数据共享和业务协同。

（5）管理层：数据资源的管理与运维

数据的管理层是实现城市级数据资源体系可持续发展的保障，通过数据管理和数据运维平台，强化数据资源采集、登记、入库、共享、发布、应用、安全、保密等方面的规范化管理，建立数据开放、共享、交易的机制，实施数据资源资产化管理，监测数据使用情况，提高数据使用的质量和安全性。

（6）应用层：数据资源的价值挖掘

应用层是数据具体领域的业务需求，用于及时掌握各类数据进行综合加工，包括智能分析、辅助统计、预测等，从而构建不同的智慧应用体，在政府应用领域、公共服务领域等开展大数据应用，利用数据融合、模型构建等技术，揭示数据的内在关联性，提高政府决策对数据的占有与分析能力。

4. 生态化的信息系统建设流程

围绕业务、技术和管理策略，智慧城市信息资源生态系统建设需要从数据规划、建设、运维和管理四个层面考虑。数据规划是基础，数据建设是核心，数据运维是目标，数据管理是保障，通过对城市数据资源各环节的科学、标准化设计，提升数据存储、数据共享、数据开放、数据应用等能力，解决城市数据资源碎片化、孤岛化问题，提升城市数据服务能力，促进城市数据与各行业应用的深度融合，以应用带动数据技术和产业发展，最终实现数据治理战略目标。

智慧城市信息资源生态系统建设包括数据规划、数据建设、数据运维和数据管理四大相互管理的体系的建设。其中数据规划包括构建城市数据资源资产清单和数据标准体系，数据建设包括建设城市基础数据库、主题数据库、综合应用数据库，数据运维包括构建数据交换共享体系和数据开放应用体系，数据管理包括数据管理体系和数据安全体系。图 2-8 所示为智慧城市信息资源生态系统建设。

图 2-8 智慧城市信息资源生态系统建设

智慧城市信息资源生态体系建设具体可分为三个阶段逐步推进。一是数据基础构建阶段，主要是开展数据普查，构建城市信息资源资产清单及标准体系建设；二是数据整合运维阶段，主要包括数据云化基础、数据库建设、数据交换和数据开放平台建设和数据运维管理平台建设；三是数据价值提升阶段，主要包括数据资产化管理、社会化增值和市场化利用，通过统筹数据采集、共享、开放、应用、管理和增值等环节，实现数据资源的应用和发展。图2-9所示为数据建设三阶段。

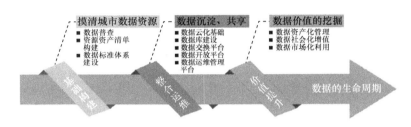

图2-9　数据建设三阶段

（1）数据基础构建阶段

开展城市数据普查，梳理数据所在部门、系统、流程环节等，统计数据颗粒度、准确度、新鲜度等基础信息，分类相关数据。构建城市数据资产清单，围绕数据资源梳理对应的应用系统、服务器、机房、数据库等相关信息，建立资源目录体系，对数据集进行分类、描述、编码，构建元数据体系。统一采集标准、数据编码、格式标准、分类目录、清洗比对、交换接口、开放接口、安全保密等共性标准，并基于这些建立城市数据共享目录，真正摸清城市现有数据的情况。

（2）数据整合运维阶段

通过数据资源的采集、清洗和比对，基于城市云平台，构建基础数据库、行业主题数据库和综合应用数据库，实现数据资源分散采集、整合使用、数据共享。同时建设数据交换共享平台和数据运维、管理平台，推动跨部门的数据资源交换共享与公共信息资源开放，利用数据管理平台做好资源目录和数据质量的管理，整合数据服务集成管理、能力开放、数据监控、数据安全管理等，打造数据运维管理平台，实现数据资源统一口径和集中管理，挖掘数据资源的关联，推动跨部门跨领域的重大信息平台的构建。

（3）数据价值提升阶段

推动城市数据资源资产化管理，搭建数据交易平台，探索数据交易规则和流程，确定数据价格体系，形成数据定价机制，加快数据资源的精准化分析和全面应用，开展数据资源的挖掘，发挥数据在政府治理、民生服务、行业应用领域的创新应用，推进企业商业模式创新，鼓励企业将数据资源进行产品化和商业化，促进数据资源的社会化增值和市场化运作。

建设涵盖智慧城市信息资源生态系统顺利进行所必需的一系列理念、体制、人力资源和安全建设，包括：落实建设组织机构，协调解决跨部门、跨系统、跨区域信息资源共享难题，探索建立首席信息官（CIO）制度，提升数据资源体系建设直接协调管理的层级，在各部门信息化队伍中组建工作团队等组织机构；健全标准政策法规，制定一系列法规和规章制度，界定数据交换、共享、开放的范围和程度，为智慧城市信息资源生态系统建设提供法规制度保障；数据思维的理念创新，贯宣"用数据决策、数据管理、数据服务"的理念，定期对城市管理者、工作者进行数据相关知识的培训，培养和建设一支业务熟、技术精、素质高的数据资源体系建设和服务队伍；保障智慧城市信息资源生态系统建设安全，以原有城市信息安全基础设施、政策法规、标准规划为基础，推进制定数据信息安全标准、管理办法与制度以及数据安全预警预案等。

第 3 章 | 智慧城市的人居环境

　　自从 2009 年以来，许多国家都在积极探索智慧城市发展之路，我国已有 400 多个城市开展了智慧城市建设。智慧城市不是去打造一座新城，也不是重新建设一个全面的城市，智慧城市建设并不改变原有城市的功能、规模、形态和结构，而是在现有城市的基础上对其进行信息化改造和提升，将城市打造成一个充满"智慧"的空间形态。其能改善人们的居住环境，使人民群众生活得更安心、更省心和更舒心。

　　人居环境探索的是人与环境之间的相互关系，强调人类聚居作为一个整体，而不像城市规划学、地理学、社会学那样，只设计人类聚居的某一部分或某个侧面。"人居环境"创建者吴良镛认为：它是一门研究人类社会发展模式、推动人与聚居环境和谐相处、指导人类建设符合理想聚居环境的学问。

　　国务院总理李克强在 2016 年 3 月 5 日做政府工作报告时说，要深挖国内需求潜力，开拓发展更大空间。适度扩大需求总量，积极调整改革需求结构，促进供给需求有效对接、投资消费有机结合、城乡区域协调发展，形成对经济发展稳定而持久的内需支撑。并明确提出"打造智慧城市，改善人居环境，使人民群众生活得更安心、更省心、更舒心"。随着信息技术的不断发展，建设智慧城市在实现城市可持续发展、提升城市综合竞争力等方面具有重要意义。

3.1　智慧城市群——区域新模式

2015 年 3 月 5 日，第十二届全国人民代表大会第三次会议在人民大会堂举行，国务院总理李克强在会上做政府工作报告，指出要制定实施城市群规划，有序推进基础设施和基本公共服务同城化。随着我国城市化步伐的加快，各个城市出现了同质化发展现象，造成了产能过剩以及资源浪费，这不利于城市的可持续发展，亟须从区域布局的角度，建立特色化、差异化的城市发展环境。同时，随着智慧城市建设的深入推进，对各个城市之间的信息共享和业务联动具有强烈的需求，所以智慧城市区域将会成为城市发展的新模式。

1."一带一路"与城市规划

（1）"一带一路"的历史内涵

2100 多年前，张骞两次出使西域开辟了一条横贯东西、连接亚欧的陆上"丝绸之路"。同样，从 2000 多年前的秦汉时代起，连接我国与亚欧国家的海上丝绸之路也逐步兴起。陆上和海上丝绸之路共同构成了我国古代与亚欧国家交通、贸易和文化交往的大通道，促进了东西方文明交流和人民友好交往。在新的历史时期，沿着陆上和海上"古丝绸之路"构建经济大走廊，将给我国以及沿线国家和地区带来共同的发展机会，拓展更加广阔的发展空间。

在当前全球经济缓慢复苏的大背景下，加强区域合作是推动世界经济发展的重要动力，并且已经成为一种趋势。2013 年 9 月和 10 月，国家主席习近平在出访中亚和东南亚国家期间，先后提出共建"丝绸之路经济带"和"21 世纪海上丝绸之路"的战略构想，得到国际社会高度关注和有关国家的积极响应。共建"一带一路"，是我国政府根据国际和地区形势的深刻变化，以及我国发展面临的新形势、新任务，致力维护全球自由贸易体系和开放型经济体系，促进沿线各国加强合作、共克时艰、共谋发展而提出的战略构想，具有深刻的时代背景。图 3-1 所示为"一带一路"旅途的重要城市。

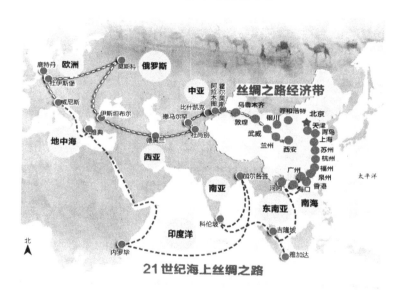

图 3-1 "一带一路"旅途的重要城市

"一带一路"贯穿亚欧非大陆，一头是活跃的东亚经济圈，一头是发达的欧洲经济圈，中间广大腹地国家经济发展潜力巨大。丝绸之路经济带重点畅通我国经中亚、俄罗斯至欧洲（波罗的海）；我国经中亚、西亚至波斯湾、地中海；我国至东南亚、南亚、印度洋。"21 世纪海上丝绸之路"重点方向是从我国沿海港口过南海到印度洋，延伸至欧洲；从我国沿海港口过南海到南太平洋。

（2）"一带一路"对我国城市发展的影响

在经济全球化的过程中，我国抓住了机遇，充分有效地利用了经济全球化带来的国际资本和国际市场体系，成为全球利用外资最多的国家、最大的出口国和最大的贸易体，实现了整体经济实力和竞争力的快速提升。其主要体现是城市化的加速发展和各类发展要素集聚在城市，尤其是在各类中心城市的集聚，架构了以城市发展为核心的中国经济发展格局。

以长三角地区为例，《推动共建丝绸之路经济带和 21 世纪海上丝绸之路的愿景与行动》（以下简称《愿景与行动》）提出要利用长三角等经济区开放程度高、经济实力强与辐射带动作用大的优势，推进"一带一路"建设。长三角地区的核心——上海更多的是充当外部资源流入与产成品流出的桥梁，这与发达国家的核心城市通过本土公司演变为跨国公司向全球拓展其分散化生产而成为控制与管理及生产者服务中心和全球城市有着本质的不同。通过研究上海在推进"一带一路"建设中的作用，也可以确定上海未来的战略发展定位。综观全球经济发展的引擎地区，大多通过其核心城市及城市区域的集聚发展而带动整个地区乃至国家的发展。

"一带一路"战略不仅是单纯地拓展海外市场，更是以对外开放带动国内经济转型的综合战略。随着"一带一路"能源基础设施的互联互通合作，输油、输气管道等运输通道的安全性提高，我国能源进口通道将更加多元化，能源安全水平将大大提高。同时，与"一带一路"相关地域的节点城市将获得能源加工储运基地建设的机会，并形成新的经济增长点。

互联互通基础设施条件的改善，改变了城市的经济地理区位，必将造就新的经济增长热点区域，特别是我国目前基础设施建设水平仍较薄弱和交通区位条件较差的西部地区，将形成新的区域节点性城市，推动区域多节点中心城市的发展格局。从国家的国土开发格局看，区域内外的基础设施互联互通将不断优化区域空间格局，有效连通沿海地区和内陆腹地，为沿海地区提供更广阔的经济腹地，有效发挥沿海地区的门户区位优势，将内陆腹地纳入到全球生产体系中，并开发内陆地区国际化发展空间，创造更大范围和更宽领域的全面对外开放格局。

（3）"一带一路"战略下的城市规划

作为"一带一路"合作重点的"五通"将是深入分析影响城市发展方向的主要路径和聚焦点，继而将深化城市与区域要素、资源禀赋及经济发展条件的评价，重点研究区域内城市之间以及城市与外部区域之间的经济联系，由此分析和确定区域内各城市的职能分工。要从城市服务"一带一路"的角度分析城市的经济与社会发展对劳动力的需求量，并在合理布局生产力、明确区域内各城市职能分工和协调各相关城市发展规模的基础上，确定中心城市的合理发展规模。

推动"一带一路"建设的合作内容和建设重点，界定合作与建设所涉及的城市及其区域范围，通过该区域范围内的人口、经济、社会、科技、资源与环境等系统及其内部各要素之间的相互协作、配合和促进，使之在空间上有序良性循环发展。可通过基础设施建设提升其服务水平，由此带动区域内城市之间的空间统筹协调，以实现城市及其区域的服务功能，并最终通过公共政策的推行保障城市功能的有效实施。

《愿景与行动》提出"一带一路"的区域空间指向包括中巴经济走廊、孟中巴印经济走廊这两个经济走廊，但与缅甸接壤的我国云南省的生态容量极其有限，生态环境相当脆弱，在规划城市产业发展方向选择时应谨慎对待"一带一路"沿线区域节点城市优先开发的策略，选择那些突出生态文明理念和适应当地生态环境容量的产业体系，尤其要避免由印度洋经缅甸进入云南的能源通道所带来的节点城市石油化工产业开发对生态环境的破坏。

如今,政府重点规划的城市群建设作为国家参与全球竞争与国际分工的全新地域单元，决定着 21 世纪世界政治经济发展的新格局，同时也是建设和落实"一带一路"的主阵地。

2. 扩展的城市群

城市群是在城市化过程中，在特定的、城市化水平较高的地域空间里，以区域网络化组织为纽带，由若干个密集分布的不同等级的城市及其腹地通过空间相互作用而形成的城市–区域系统。城市群的出现是生产力发展、生产要素逐步优化组合的产物，每个城市群一般以一个或两个（有少数的城市群是多核心的例外）经济比较发达、具有较强辐射带动功能的中心城市为核心，由若干个空间距离较近、经济联系密切、功能互补、等级有序的周边城市共同组成。发展城市群可在更大范围内实现资源的优化配置，增强辐射带动作用，同时促进城市群内部各城市自身的发展。

截至 2015 年，我国已形成长三角城市群、珠三角城市群、京津冀城市群、中原城市群、长江中游城市群、哈长城市群、成渝城市群、辽中南城市群、山东半岛城市群、海峡两岸城市群、关中城市群共 11 个国家级城市群（图 3–2），正在建设有 13 个区域性城市群：豫皖城市群、

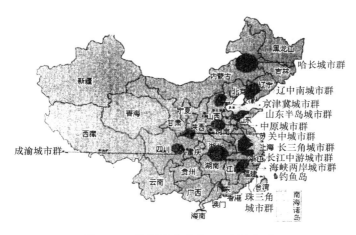

图 3–2　我国已建成的 11 个城市群

冀鲁豫城市群、鄂豫城市群、徐州城市群、北部湾城市群、琼海城市群、晋中城市群、呼包鄂城市群、兰西城市群、宁夏沿黄城市群、天山北坡城市群、黔中城市群、滇中城市群。城市群的扩展对空间结构的组织起着至关重要的作用，在我国主要从对交通和产业的影响来展开。

（1）城市群与交通

伴随着我国城市化水平的提高，城市群逐步成为我国城市化的主体形态。城市之间联通日益紧密的同时对交通的要求不断提高，推动客货交通日趋完善。而交通在发展的同时，对于引导城市群人口、资源和产业合理集聚、完善城市群功能以及优化城镇空间布局等方面发挥着重要作用。两者之间是一种互动发展、逐步协调的关系。

1）城市群的扩展对交通的影响。一方面，随着城市群经济的发展和科学技术水平的进步，城市群规模不断扩大，城市之间的联系日益密切，城市群内客货交流也日趋频繁。城市群内日益增长的流动需求，推动着城市群交通系统不断演变和日趋完善，城际快速交通或通勤交通等干线交通系统逐渐发展成为城市群内不可或缺的重要组成部分。另一方面，城市群交通由多种运行方式构成，城市群的发展需求反馈到交通运输必然会引起各种运输方式之间的竞争与合作。其中竞争源于运输市场的趋同性，能够促使各运输方式不断提高自身的运输质量及其与环境的协调，加快自身的发展与进步；而协作源于运输优势的多样性，能够满足不同运输需求，保障运输市场的多样化，实现功能互补，有助于构筑多模式的综合运输系统。

2）交通对于城市群发展的支撑。城市群交通系统是城市群经济和城市化发展到一定水平、内部流通需求的必然产物。当城市群发展到一定阶段，经济规模逐渐扩大，人口和产业聚集到一定程度，交通运输需求不仅在总量上持续增加，并在质量上不断提高，允许城市承载更多客流物流以及信息流，从而产生更大的集群效应，发挥城市核心区的潜能。交通产业的发展，使得更多原来单一城市的产业分散到整个城市群中，分布于更为广阔的区域内，城市之间的分工与合作越来越频繁。而随着传统城市内部的交通业部分转移到中心城市以外的城市群地域，内部交通系统逐渐演变成为城际间的枢纽，这对于城市群的形成和发展起着至关重要的支撑和促进作用。例如，位于广东省的广佛地铁，连接了广州、佛山两市，大大缩短了客运时间。广佛地铁的建成标志着珠江三角洲城市城际快速轨道交通线网建设的开始。

交通系统不仅是区域经济一体化的动脉，也是区域产业整合的前提，是合理配置资源、提高经济运行质量和效率的重要基础。国内外发展的经验表明，交通系统服务能力制约着城市群的形成和功能发挥，交通网络系统构建不仅能有效地提高系统效益、增强交通系统的服务能力，而且是引导区域整体协调发展的先行条件和有效手段。因此，城市群交通网络发展的质量将直接影响区域经济的发展速度。

（2）城市群与产业

城市群的形成过程是其内部不同规模、不同等级城市产业特色形成的过程，各城市根据自身的基础和特色，承担不同的职能分工，从而使得城市群具有区域综合职能和产业协作优势。城市群的形成是在城市间产业和职能分工协作的基础上，形成经济一体化的结果。城市群内部的产业结构调整和生产力的合理布局，以及由此形成的分工合作和优势互补是构成城市群整体效应和综合竞争能力的基础条件。

在城市群形成的早期，即工业化初期，大机器生产对于产业空间规模产生了扩张要求，依托良好的条件（包括区位条件、产业基础、资源条件等）迅速发展起来的中心城市成为区域经济发展的增长极，极化效应带动着区域各种经济要素向中心城市加快集中，这一过程表现为制造业等在中心城市加速发展，许多中心城市成为国家或区域的制造业中心。但随着城市群的发展成熟，制造业开始向中心城市的外围区域逐步扩散发展，区域产业集群逐步成型。外围城市之间形成了高度的分工与合作关系，各城市在其经济发展过程中，逐渐选择了符合自身实际的专业化产业，形成了优势特色产业，城市群经济社会网络系统基本形成。中心城市辐射带动能力进一步增强，已形成了以金融、研发、教育、物流、会展、文化创意等为主导的现代服务业和以电子信息、高端装备制造、新能源、新材料等为支撑的先进制造业所构成的多样性产业体系。城市群内交通通信网络高度发达，区域经济协调组织与合作机制已基本形成，互利共赢的融合发展势头良好。这一阶段，影响城市群发展的关键因素是产业发展空间受限、传统主导产业产能过剩与转型升级、新兴产业增长极培育、开放型经济体系构建与国际竞争力提升等。

3. 城市群公共空间的人性化

（1）城市群公共空间的人性化内涵

城市公共空间的人性设计，就是通过对城市空间诸要素、空间表现特征、空间美学几个层面的设计体现人类的内在精神需求。认识城市的主体，把关心人、尊重人的理念体现在城市空间的创造中，重视人在城市空间环境中的心理活动、行为和文化，进而创造环境与人和谐统一的理想空间。通常所说的人性化，就是说设计的核心是人，所有的设计其实都是针对人类的各种需要展开的，包括物质生活的需要和精神生活的需要，是设计本源的回归[⊖]。

可以说未来城市公共空间的发展重点便是"人性化"设计。景观规划专家俞孔坚教授指出：现代城市空间不是为神设计的，也不是为君主设计的，更不是为市长们设计的，而是为生活在城市中普通的人们设计的。这些普通的人是具体的、富有人性的个体，而不是抽象的

⊖ 吕红. 城市公共空间的人性化设计[D]. 天津：天津大学建筑学院，2004.

集体名词"人民"[⊖]。

（2）城市群公共空间的人性化设计

城市公共空间人性化的设计包括四个方面的内容：

1）在物理方面。物理层面的考虑和设计是城市公共空间人性化设计的基石。人性化设计是以设计的理性化和功能性为前提条件的，离开了科学结构的理性化和合理的功能性，人性化将走向极端，最终将违背人性。公共空间在考虑到采光、遮阳、通风等因素，使场所在保持人们心理、生理上的舒适的同时，还应配置各类设施以满足人们的复杂活动需求。例如，巴西的首都巴西利亚就是典型的功能分区明确的现代主义城市，其设计者路西欧·哥斯达以汽车交通作为新首都规划的尺度，却忽视了完整合适的步行系统。在这座尺度宏大的"汽车城市"，人们几乎很难轻松地步行游览并穿越街区，时时处处需要乘车流动。这种将人与人、人与自然和环境之间的关系简单化的设计，难免使城市缺少活力，无法很好地满足人的需要，特别是忽视了心理与社会因素，对公共空间也缺少关注。

2）在心理层次。设计如果仅仅追求一种功能至上的原则，想以此向人性化靠拢，是行不通的。一旦理性压倒人的个性，也就偏离了人性。这就要求设计者在注重物理层次关怀的同时，也要关心人的心理、关怀人的情感。例如，那些日光充足的室内"街道"就为身居办公室的白领和生产工人邂逅创造了条件，也促进了不同职业人群的沟通。此外，还可以通过建筑、构筑物的适度围合，形成积极空间，增强使用者的安全感、领域感，从而使公共空间增强场所感、吸引力。当空间规模过大时，可利用植物、地面高差、铺地、色彩、设施等创造尺度宜人的空间环境。可见，注重心理关怀的人性化设计反映了城

⊖ 陈春旭. 城市公共空间设计－以"人性化"为重点的设计思路[J].城市建设理论研究：电子版，2012，（8）.

市公共空间"为人而设计"的本质特征。

3）在社会层次。社会层次的关怀，即对人类生存环境的关怀。在我国的一些学者看来，开放空间就是指城市公共空间，它包括自然风景、公共绿地、广场、道路和休憩空间等，这要求设计者研究城市公共空间环境的演变过程以及对人类的影响，研究人类活动对城市生态系统的影响，并探讨如何改善人类的聚居环境。随着现代科学技术的发展，城市中高楼大厦不断涌现，城市用地尤其是城市中心区的用地愈加紧张。在城市中生活的人们尤其感到大自然的可贵，绿树、鲜花、青草、流水成为每一个都市人的向往和渴求，人们期待着由于现代生活的紧张而引起的窒息心理会因接触自然环境而有所补偿。因而，设计能与自然充分接近的城市公共空间环境则成为实现人性化的一个重要因素。加强策划与规划，从城市整体结构方面做好战略性公共空间规划，使资源、能源得到合理有效的利用，尽可能少地消耗一切不可再生的资源和能源，减少对环境的不利影响，达到自然、社会、经济效益三者的统一。

在人群细分方面，城市公共空间的设计应保证所有人都能参与其中的条件，因此在公共空间人性化设计时，要清除人为环境中不利于行动不便者的各种障碍，使全体成员都有交流活动的机会，共享社会发展成果。此外，应了解仪式空间并不是为"神"而设，它是满足社区人们的仪式需求而设计的。不管是男女老少，还是鳏寡病残，他们才是仪式空间的主体，这些人都应该在仪式空间的设计和营造中得到关怀。

弱势人群因其自身生理、心理特点和整个社会环境系统缺乏针对他们的考虑，而使他们的自由行为受到限制。公共空间人性化设计就是要最大限度地消除由于身体不便带来的障碍，即无障碍设计，且尽量满足最有可能使用该场所的群体的需要，同时也鼓励其他群体的使用，并确保群体之间的活动不相互影响，让儿童、老人、残疾人都可能享受户外公共生活的乐趣，特别是针对母婴、残疾人等特殊人群的需要，在公共空间的设计和建设时也理应给予体贴关怀，使他们也能共享现代科技文明的成果。

在地域特色方面，许多城市的公共空间千篇一律，缺乏特色和生活氛围。在构图上追求严格的规则、对称，气氛上过度追求宏伟，象征性太重。这就造成当今建设活动中一味地求多、求大、求快，不顾人们的实际需求。殊不知，地段内的历史性、民族性、地域性，才是最吸引人的要素，才能创造出有个性的空间。

城市在发展过程中会形成自身的结构特点，但随着城市化进程的加快以及外来思想的过度引入和借鉴，历史留给地域的独特记忆和城市原有的肌理也随之逐渐丧失。而现代的城市公共空间创作理念应承载着人们对地方文化和传统的认知和继承，体现人文精神和场所特征，延续城市的肌理，将城市特有的自然、经济、人文、历史、地形和本土文化等作为创作源泉，顺应地区的自然地形和气候条件，将城市的各个物质、文化特色融入空间的构成元素中，形成鲜明而富有特色的主题。例如，大连的日本风情街和俄罗斯风情街，在建设时保留了大量的日式和欧式建筑，空间融知识性、历史性、文化性、社会性于一体，丰富了城市文化内涵，并成为人们的记忆符号。

4. 国外城市群的交通建设

城市群的形成和发展，离不开基础设施网络的支持。世界上主要的大城市群都拥有完善的高速铁路网、高速公路网、通信线网、运输管道、电力输送网，这些构成了区域性基础设施网络。其中，交通基础设施对城市群空间结构形成和演化的影响最为显著，发达的铁路、公路基础设施网络是城市群空间结构最主要的骨架，也是城市群发展的主要驱动力。这就是优质都市圈的"交通轨道先行"法则，发达的交通网络使都市圈内的城市与城市之间能够第一时间互通互联，加速人才、资源的快速流动。

随着城市群的扩展，智慧城市规划的推进，城市的交通网络更加便捷的同时，更体现了"以人文本"的人性化特征。在这方面，国外的发达国家的一些先进经验值得我国借鉴。图 3-3 为东京地铁路线图。

（1）东京都市圈

在众多国际机构发表的"世界魅力城市排名"中，东京总是名列前茅。东京受到高度评价的一个重要理由是它有快捷、可靠、安全的城市交通系统。就城市规划而言，"东京"这个词包含三个概念：① "东京城区部"是指东京的中心城区，人口约 800 万；② "东京都"是指东京的行政区域，人口约 1300 万；③ "东京都市圈"则指能够到东京上班上学的地区范围，其人口约 3300 万，面积约 13000m^2。

东京都市圈的轨道交通除了地铁，主要由地面线或高架线组成的市郊铁路、市区横贯铁路以及环状铁路组成。这些铁路可以在早高峰时段的 1 小时内，以二三分钟的间隔发出由 8～15 节车厢编组的列车，一条路线的单向客运能力为 5 万～10 万人/小时。而这样的线路有 30 余条之多。这么多的轨道交通路线，都是严格按照以秒为单位制定的时刻表来运行。在东京都市圈，即便是去 50km 以外的场所，在使用轨道交通工具的情况下，都可以按照当初预定的时刻到达目的地。

之所以如此高效，不仅仅是轨道交通网络扩张的结果，还是通车运营之后不断改良的结果。过去 50 来年间，东京都市圈的市郊铁路

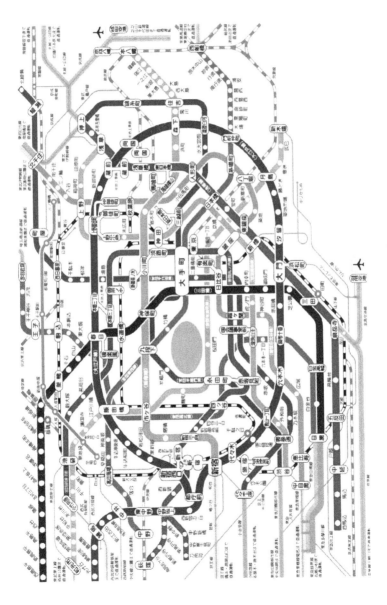

图 3-3　东京地铁路线图

运行里程仅增加了一成，但客运能力却增长到原来的约三倍。原因反映在枢纽设计的理念和形态上，便是日本通过枢纽站点来高度集聚城市人口，并将枢纽融入城市常规建筑中。以新宿站为例，10 余条轨道线路在此汇集，车站的众多出入口与周边的商场、写字楼、住宅、公共建筑通过地下通道直接相连，大部分乘客通过这些密集的出入口和换乘通道进出轨道交通站，上下车和换乘的效率就非常高。

许多东京的政府官员、公司领导在内的上班族都非常依赖这些轨道交通，开小汽车上下班的仅有约 6% 的人。大家默认利用轨道交通是"有身份"不丢面子的选择，公司不会也没必要为员工预备通勤用的停车场。对东京的商务人士来说，能灵活自如地利用轨道交通，是一项基本素质。

此外，东京在 1958 年、1968 年、1976 年和 1986 年分别进行了四次综合交通规划，通过大都市圈综合交通系统的规划和建设，强化了大都市周边城市和卫星城市的规模和职能，使都市圈由原来的单中心发展模式向多核心、职能分工模式转变，将东京中心区过度集中的人口、行政、经济、文化等职能适当分散到包括埼玉县、千叶县、神奈川县、茨城县在内的整个大都市圈甚至更大的范围内。由此，形成"多心多核"的新型城市圈结构，达到缓解因城市中心功能过度集中而引发的城市问题。

与此相对应，东京都市圈的交通体系也由集中、放射的路网布局向分散、环状的格局发展。优先建设环状线路，主要作用是疏导过境交通、绕行交通，合理分配交通流，改善中心区交通拥挤状况，使城市职能适当向外分散。

客运方面，以首都圈铁路运输为主的公共交通系统承担了 7% 以上的旅客运输量。随着公共汽车客运量的逐年减少，铁路运输系统所占比重逐年增加。在货运方面，在大都市圈内将区域物流中心和市内集配中心的布局与道路网、车站、港口、机场统一规划，从而实现了物流配置的整体性和高效性。

（2）德国综合交通枢纽

德国十分重视综合交通枢纽的建设与发展。概括而言，德国的交通枢纽主要分为两大类，一类是以火车站、机场等为依托的立体式综合交通枢纽，另一类是普通换乘式枢纽。服务于德国城市公共交通领域的轨道运输方式主要包括:城际高速铁路、城际快速铁路、地区快速铁路、地区铁路、市郊快速铁路、地铁（或轻轨）和有轨电车等。

立体式综合交通枢纽大多以大城市的火车站（如柏林、科隆）、机场（如法兰克福）为依托，城际轨道、市郊铁路、地铁、有轨电车、公交汽车、出租车等多种方式均在此交汇衔接。不同方式之间有着便捷的换乘空间，枢纽多为开放式，不设检票口，通过清晰、简明的指示牌帮助乘客实现便捷的立体换乘。在规划站址选择上，枢纽多地处城市中心的繁华地段，如柏林火车总站靠近市政大厅和勃兰登堡门、科隆火车站紧邻科隆大教堂等，不少城市的商业设施布局均以综合交通枢纽为中心，其商业区的规划设计、功能布局与综合交通枢纽衔接，极大地便利了旅客与城市的交流与联系。

除立体式综合交通枢纽外，德国普通换乘式枢纽遍布城市各个角落，功能完善，高效安全，指示清晰，换乘便捷。普通换乘式枢纽不仅实现了公共交通层面轨道交通与公交汽车等的一站式换乘，而且还可以实现公共交通与自行车、公共交通与私家车的便捷换乘。

德国着力解决"最后一公里[⊖]"的难题。"最后一公里"是指

⊖　1 公里=1km。

交通最末端的交通工具。完善的轨道交通只能把城市群区域间流动的人们送到具体的车站，只有打通交通网的"微循环"，扩大覆盖面，更好地方便出行，才能有效缓解中心区的压力。在解决"最后一公里"问题上，德国有遍布城市角落、安全快捷的普通小型换乘接驳站。这些小型换乘接驳站可以轻松实现轨道交通与公共汽车、自行车和私家车的便捷换乘。从地铁站出来，即是公交车站，还有安全的自行车存放处和私家车停车场。德国交通系统本着以人为本、尽最大努力方便乘客出行的原则，只要给自行车买票，可将自行车带到公共交通工具上。地铁、火车都有专门的座位少、空间大的车厢给携带自行车的旅客。乘客在城际间使用轨道交通，城市内使用自行车，方便又环保。这些举措都有效解决了"最后一公里"的难题。

人性化配置。德国城市公共交通充分体现"以人为本"的发展理念，通过人性化的设计与配置，进一步提高城市公共交通服务的质量以及社会吸引力。例如，德国轨道交通一般使用宽体车辆，乘客可以携带自行车乘车，极大地方便了乘客的出行；公交站点配有手推行李车供乘客使用；使用低底盘有轨电车、低底盘公交汽车等运输装备，方便乘客上下车；各种公共交通车辆都安装了为残疾人服务的专用设施设备；清晰、简明的标识标牌等。

5. 珠三角——世界级智慧城市群

（1）珠三角的历史资源优势

改革开放 30 年来，珠三角一直是中国经济发展的强力引擎和城市化进程的排头兵，聚集了大量的劳动力和资本。30 年后，珠三角又肩负新的发展重任。图 3-4 所示为珠江三角洲的三大经济圈。

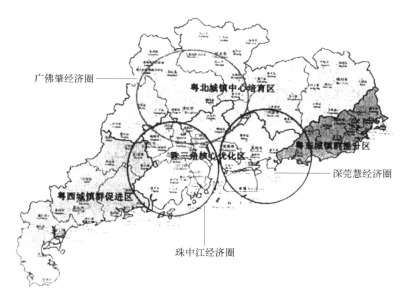

图 3-4　珠江三角洲的三大经济圈

　　1978 年实行改革开放以来，我国城市化发展出现了新的契机，尤其是改革前沿的广东省，更是得到了空前的发展。改革开放先行一步的经济和政策优势，对珠三角城市群的形成和发展具有重大意义。这种经济体制的改革与对外开放格局的初步形成，极大地吸引了全国的资金、人才、技术等生产要素在这里聚集，为珠三角城市群的形成铺平道路。

　　珠三角同属一个省管辖，在资源整合协调上明显优于长三角或京津唐地区，后两者由三省市管辖，整合协调相对较难。这一因素可以使得珠三角能够更好地在统一的规划与安排下整合各城市的资源，发挥各个城市的优势，相互分工合作，实现良性循环。

　　珠三角区位优势十分明显：珠三角比邻港澳，且改革开放初期正逢港澳产业结构升级换代，需要依托大陆转移其成本日渐高昂的轻型产品加工制造业，于是大量资金流入珠三角城市；面临南海，与东南亚隔海相望，越过海洋能与整个世界连接在一起。

珠三角具备极大包容性的文化——岭南文化，毫不排斥地接受来自五湖四海的投资者、企业家和各方面的人才，也填补了本土很多资源的不足。综观珠三角的发展历程，外来人员所做的贡献是巨大的，为帮助珠三角形成世界级的城市群，他们还将发挥更大的作用。珠三角是我国著名的侨乡，港澳同胞、海外侨胞最多，与海外有天然便利的人文联系。珠三角吸引的外资中，港澳和侨资占绝大部分，这对珠三角外向型经济发展起了主导作用。

（2）智慧珠三角城市群的协调发展

2014 年 3 月，新出台的《国家新型城镇化规划（2014～2020 年）》要求，珠三角要以建设世界级城市群为目标，在更高层次参与国际合作和竞争。同年 11 月，广东省人民政府下发《推进珠江三角洲地区智慧城市群建设和信息化一体化行动计划（2014～2020 年）》（下文简称《计划》），提出打造珠三角智慧城市群的构想。

珠三角智慧城市群建设的核心目的是推动各城市功能互补、协同发展。

1）加快产业发展的协调与规划，促进珠三角协调发展。为实现产业的合理发展，珠三角应加强区域内主导产业的整体统一规划。首先，应与港澳地区形成新型的"前店后厂"模式。2003 年 8 月粤港联席会议双方达成共识，广东将致力发展成为制造业基地，香港则发展物流、金融和服务业中心，这对区域产业协调发展具有重要的意义。其次，根据珠三角各城市的工业基础、资源禀赋与区位优势，统筹规划制造业的发展，使区域重点的制造业，如电子制造、家电等行业合理分工。再次，从总体上提升区域产业技术水平，形成一批有自主创新能力的高新技术支柱产业群，推进产业结构的提升。最后，适时将技术相对落后的工业按照梯度原理转移到周边城市或省区，以扩大经济腹地，形成完善的区域产业等级序列。

2）积极调整政府角色。珠三角虽然同属于广东省，但是各个城市有各自行政规划，形成政策不统一的局面。城市群内行政壁垒是制约城市群协同效率发挥的最大障碍。因此，政府政策的协调性和公平性显得尤为重要。政府的调节作用是积极的、有效的、连续的，主要表现在：制定发展战略目标、提供经济立法和法律体系、完善市场体系、政策规范市场行为、协调资源配置，为整个经济运行创造一个高效的、公平的和稳定的宏观环境。所以在整个城市群内各政府间要以区域全局为出发点，统一规划，共同发展。

3）细化城市群内各城市的职能分工，进一步促进珠三角的专业化，使城市间相互交错，融为一体，形成广泛的协作关系。香港、广州由区域中心节点职能向更为广泛的整合职能转型，而相应的职能正逐步由周边的城市承担。大珠江三角洲城市群中的香港在金融、信息、物流等方面的优势和成熟的市场经济意识，需要与内地的腹地空间相结合。从核心城市职能分工的综合指数来看，广州应大力提升核心城市的服务和管理水平，重点发展商业、服务、文教、交通、科技等职能，建成更具国际竞争力的商贸流通中心、科技研发中心和现代服务中心。深圳重点发展商业、金融和服务等职能，向商贸、物流、金融和信息一体化的现代化区域性中心城市迈进；珠海立足于自身基础，凭借各大学科研机构进驻，发展为信息技术产业和现代商业及旅游业发达的区域性中心城市。

4）加强大珠三角城市群的整合力度。大珠江三角洲城市群不断调整和优化产业结构，逐渐形成了资金、人才、管理、技术、环境等优势，全面参与国际竞争的能力不断增强。从历史发展角度来看，其内部的合作已经拥有很好的根基，在原有的特殊政策优势日渐淡化的情形下，基于经济全球化和我国入世的新发展背景，它需要通过强化城市群内整合，实现城市群内核心城市之间的互补与错位共享，重构区域的整体竞争力以及创造新的竞争优势，保持经济发展的"排头兵"地位。

3.2 城市产业的拉动引擎

智慧城市的规划实施在改变人类城市生活的同时，也会对产业经济发展产生直接或间接的拉动效应。一方面，智慧城市的发展要求信息技术不断突破，以形成高度智能化的城市管理体系，从而对以信息产业及其相关硬件设备产业为主的经济业务产生直接带动效应；另一方面，由智慧城市建设所产生的直接业务需求，也需要其他产业的投入，或者拉动相关产业的供给，即产生产业之间的关联效应。同时，智慧城市作为一种全新的城市发展理念，需要以创新性的信息服务、设计创意等为依托并由此产生全新的城市资源配置系统架构与思想，这也会对城市产业的发展起到一定的拉动作用。

1. 城市产业规划

智慧城市是一个由多个参量构成的复杂生态系统，任何一个变量的变化都会引起其他变量的变化，从而带动整体生态系统的变化。所以在智慧城市生态系统建设中，不可能完全脱离开智慧经济。首先智慧城市的一系列城市建设会集聚一批云计算、物联网、大数据等新兴产业载体，其次智慧城市的建设能够通过新一代信息技术的应用，推动传统产业的转型升级；最后智慧城市的建设通过对城市的居住、生态、宜商等建设，能够提升城市整体产业发展环境。

产业规划作为一种最重要的经济活动，在实现资源的空间配置过程中必将对城市整体及其子系统进而对城市整体发展产生深刻影响。

纵观产业发展的历程，人们往往在发展初期不重视可持续发展问题。一方面，产业的快速发展需要合理的城市空间结构，为未来城市的发展提供更好的条件，而传统的城市规划未能考虑产业发展的需求，土地资源供给严重受限，极易导致城市拥堵。另一方面，在城市开发实施的过程中，传统的产业规划不能充分地考虑城市的协调，为了追求产业规划的合理性，要正确根据城市发展的要求来进行合理的产业规划，从而更好地促进城市发展，因此来说，城市的产业规划是一个城市发展的重要内容，符合城市自身发展要求的产业规划对城市建设和发展具有积极作用。一个城市规划中，包含着合理的产业规划，从生产的角度来说，可以促进城市分工进行，从而为城市产业发展壮大奠定稳固的基础；从社会角度来说，促进人文和谐，营造更好的社会文化氛围；从未来发展前景来说，一个拥有良好的产业规划的城市，由于其运转的良好秩序，能够更好地吸引投资，吸引大量人才聚集，吸引网络的延伸，吸收产业进驻，使得产业规划充分发挥城市的潜能与优势，通过产业规划协调推动城市健康发展，从而提高该城市未来发展的潜力，为城市进一步的腾飞做出良好的铺垫。

2. 产城融合

（1）产城融合的内涵

产城融合是在我国转型升级的背景下相对于产城分离提出的一种发展思路。其要求产业与城市功能融合、空间整合，"以产促城，以城兴产，产城融合"。其核心思想就是产业发展与城市发展融合，以城市为基础，承载产业空间和发展产业经济，以产业为保障，驱动城市更新和完善服务配套，以达到产业、城市、人之间有活力、持续向上发展[⊖]。

产城融合关键在"融合"，"融合"不是产业与城市简单的组合，而是两者的有机结合、良性互动，形成"1+1＞2"的效应。在实践中，

⊖ 永川读本.产城融合[N].重庆晨报，2013-11-04(2).

坚持以改善民生为落脚点。城市功能的完善是为了人们更便利地生活，产业层次的提升是为了人民更为富足的生活，归根到底都是让人民群众拥有强烈的幸福感、获得感。同时，应以吸引高端人才为着力点。高端人才是产业转型升级和城市品质提升的关键要素。例如，常州突出以高端产业集聚高端人才，以高品质的城市吸纳高端人才，以高端人才提升产业层次和城市品质，从而实现高端产业和高品质城市的深度融合。

（2）产城融合与以人为本

城市发展一定要以人为核心，按照"四化"同步要求，产业和城市融合发展，不能见物不见人。如果只是圈地、建园、造城，产城"两张皮"，那是不健康的，也是不可持续的。产与城自古以来就不可分割。在古代，"城"是政治军事设施，"市"为物品交易场所，"城"与"市"相伴相生、有机融合。18世纪中叶，英国工业革命带动工业化，工业生产在城镇兴起，大量劳动人口向城镇聚集，促进了城市化的发展。随后，工业化从英国向欧洲及全世界渐次扩展，全球城市化进程也相应大大加快。正是在近代大工业的有力推动下，才形成了人类文明史上波澜壮阔的城市化浪潮。到目前为止，全球城市化率已达到52%，发达国家更是超过80%。我国的城市化率也在2011年历史性突破50%，总体上进入以城市为主导的现代社会。

在现代社会，产与城相互支撑、相互促进，关系更为紧密。一方面，现代工业内在要求规模化和专业化，大量企业和人口集聚在一起，城市不断发展壮大，在"量"上实现扩张；另一方面，城市发展对消费、服务及资本的需求越来越大，推动第三产业蓬勃发展，使得产业结构不断调整和升级，产业连接更加紧密，产业发展更具活力，产业在"质"上不断进步。如果城市没有产业作支撑，有"城"无"产"，城市就会"空心化"，成为"睡城""鬼城"，必定不可持续；如果产业不以城市为依托，有"产"无"城"，产业就会"孤岛化"，成为"沙漠上的大厦"，终将倾覆。只有产城融合，才能让现代城市实现可持续发展，才能使"城市让生活更加美好"。

（3）产、城、人三要素融合

搞好产城融合，要牢牢抓住"产、城、人"三个要素，努力实现人、产业和城市的良性互动、协调发展。

从静态分析产、城、人三者相互关系："产"即产业功能，包括一产、二产和三产，是城市的经济基础和发展动力；反之，城市是产业发展的空间载体，并提供相关的服务配套。城与人之间，城市为人的活动提供空间载体，而人是城市的活力源，并成为城市运行的维护者。人与产之间，人是产业功能必要的生产要素，而产业发展为人提供就业岗位。

从动态发展角度来分析产、城、人三者互动关系："产"即产业的集聚与扩散，是城市化的基本驱动力之一。它会影响生产要素在城市中的流动和布局。"人"意指人口的迁移流动，也是城市化的基本驱动力之一，它会带动城市资本、技术、劳动力、市场规模的变化。"城"，指城市的空间承载与综合系统功能，包括硬件基础设施以及软件服务制度等，它是对产业和人口的承载支撑，但本身并不构成城市化的驱动力。由此可见，产、城、人三者相互之间的动态关系是相互促动、互为因果，并且理论上存在良性互动和恶性循环两种不同互动结果。

对一个地区或者城市而言，如在发展较快的深圳、上海等城市，不同产业集聚会带来大量人口迁入，促使城市功能相应不断完善，城市化率不断提高，从而吸引更多产业集聚，由此形成良性互动、融合发展的格局。反之，如在美国的底特律、中国的鄂尔多斯等城市，就会出现恶性循环，产业扩散或无序集聚的情况下，导致人口外迁，甚至出现"逆城市化"或"鬼城"现象。换句话说，在产业和人口没有集聚扩散的前提下，快速造城并不能带来健康的城市化。

上述静态和动态两个维度分析产、城、人三者间关系可知，产业、城市、人居需要相互促进、良性循环、融合发展，即以城市为基础，承载产业空间和发展产业经济，为人类提供宜居环境；以产业为保障，驱动城市和文化更新和完善服务配套；以人为本，提升人口数量和质量，促进城市高效运转和产业集聚，最终实现产业、城市、人之间有活力、持续向上发展的态势。产、城、人融合是"产城融合"理念的升级版，更符合"以人为本"的世界普世价值，也是中国传统思想的精华所在。

（4）常州的产城融合

产城融合之"城"，是宜居宜业之城。宜居宜业，既是新型城市化的内在要求，又是产城融合的必然选择。以常州为例。一方面，常州追求"宜居"之"城"，以城市品质化精致化为方向，按照国际化、现代化、生态化、精品化要求，使常州成为空间结构协调、城市品质高端、服务功能完备、市民安居乐业的幸福之城。另一方面，常州追求"宜业"之"城"，不仅让产业活力强劲，具有足够的发展空间，而且确保能够提供足够的就业岗位。当然，在新型城市化进程中，产城融合的"城"，还应当是体现城乡一体发展要求的"城"。

在产城融合的发展中，常州选准突破口、抓住关键点：

第一，突出规划引领。常州依托现有的产业基础和空间资源，打破各领域、各板块、各条线的界限，着力推进城市总体规划、产业发展规划、城乡建设规划、土地利用规划、生态文明规划的平衡衔接、有效融合，加快形成"多规合一"的一套图、一盘棋，使常州发展建设始终处于一个动态成长、健康可控的平衡状态。

第二，突出分层推进。常州推进产城融合注重强化分层分类引导，根据全市及各板块生产生活实际需要，按照市级中心、副中心、区县中心、重点城镇及社区等级层次合理配置服务功能，设计出推进产城融合的几种路径：中心城区加快更新转变，提升综合服务功能，重点发展现代服务业，适度保留都市工业，加强历史文化资源保护，改善提升人居环境；新城新区加强功能复合，加快配置集生产生活服务于一体的多元化功能，在引导产业集聚集群特色发展的基础上，提升就业吸纳能力和人口集聚水平，使城市功能与产业发展紧密结合；区县中心及重点城镇加速提升拓展，加快特色化、规模化产业发展，强化基础设施和公共服务设施建设，提高生产生活服务便利化程度，增强对当地农业转移人口和外来人口的吸引力。

第三，突出功能优化。常州坚持按照功能区分，统筹都市工业、先进制造业、现代服务业、现代农业、社会事业、居住及生态分布。在产城空间配置上，构建高效、集约、均衡、永续的开发模式，强化主体功能区导向，科学划定功能分区，明确开发导向，创新开发方式，推进经济、人口、资源在空间上的合理均衡分布，使经济布局更加集约，资源利用更加高效，生态系统更加稳定。

第四，突出产业升级。面对产城融合发展的新要求，常州提出了新的产业发展思路："三位一体"提升工业经济发展水平，加快发展现代服务业十大方向，加快构建新型农业产业体系。注重产业结构的优化，推动产业集聚化、高端化、特色化、服务化发展。加快发展战略性新兴产业，大力促进优势传统产业提档升级，积极培育创新型企业，适应互联网经济的新浪潮，用好"互联网+"的发展模式。加强产业集群、资源集约、功能集合，建立特色产业基地、特色产业集群、产业集聚示范区。通过产业发展集聚人口，创造财富；通过产业升级优化人口结构，引导服务需求；通过产业集聚优化空间布局，提升融合水平。

第五，突出改革创新。常州充分发挥政府和市场的"双引擎"作用，加强统筹谋划、综合集成，努力在人口服务、产业升级、城乡发展、生态建设、金融服务、土地利用等重点领域和关键环节取得实质突破，有效激发社会各方面的积极性，为加快产城融合提供体制机制保障。主要工作有：构建人口自由流动与有效集聚机制，强化产业发展推进机制，创新财税金融服务机制，深化土地制度改革，严格生态保护制度，健全空间管理体制。这些体制机制的改革和创新，为产城融合发展提供了源源不断的动力，助力城乡发展"化蛹成蝶"。

3.3　一座城市的神经

城市交通的建设可以说是城市乃至国家经济发展的根本性条件，是城市各项社会经济活动的联系纽带。交通系统中每一条道路，每一个节点的连接就像是控制人活动的中枢神经。对于城市而言，交通往往也是充当着城市中枢神经的角色，确保城市合理发展。

1. ITS 与物联网发展

随着城市化的快速发展，交通拥堵几乎是每个大城市的通病，从一个城市的局部高峰拥堵向全面全时段拥堵的方向发展，一线、二线城市都在承受着交通拥堵的压力，甚至一些三线城市也逐渐开始出现交通拥堵的情况。交通拥堵不仅增加了人们的出行成本，同时也加大了交通事故的发生率。尤其居民在上下班高峰期间，时间与费用由于堵车而受到严重浪费，影响居民的生活质量，而城市的大范围、长时间的拥堵状况，严重影响了社会经济的健康发展。

（1）智能交通系统 ITS

解决交通问题的传统办法是修建道路，但对于有限的城市区域来说，可供修建道路的空间越来越小。另外，交通系统是一个复杂的大系统，单独从车辆方面考虑或单独从道路方面考虑，都很难完善地解决交通问题。在此背景下把车辆和道路综合起来系统地解决交通问题的思想就油然而生了，这就是智能交通系统 ITS。

所谓 ITS，就是将传感器技术、RFID 技术、无线通信技术、数据处理技术、网络技术、自动控制技术、视频检测识别技术、GPS、信息发布技术等运用于整个交通运输管理体系中，从而建立起实时的、准确的、高效的交通运输综合管理和控制系统[一]。显然，智能交通行业中无处不在利用物联网技术、网络和设备来实现交通运输的智能化。ITS，是作为继计算机产业、互联网产业、通信产业之后的又一新兴产业，其与物联网的结合是必需的也是必然的，智能交通行业已被公认为是物联网产业化发展落实到实际应用的最能够取得成功的优先行业之一，必将能够创造出巨大的应用空间和市场价值。

（2）物联网时代的智能交通

伴随着新的信息科技在仿真、通信网络、实时控制等领域的长足发展，智能交通系统开始进入人们的视野。发展智能交通系统的初衷就是为了应对日益严重的交通拥堵问题，但是物联网时代的智能交通绝不仅仅只是解决了堵车问题，下面选取几个当下比较典型的应用来介绍物联网时代的智能交通。

电子收费系统是我国首例在全国范围内得到大规模应用的智能交通系统，它能够在车辆以正常速度行驶过收费站的时候自动收取费用，降低了收费站附近产生交通拥堵的概率。在这种收费系统中，车辆需安装一个系统可唯一识别的叫作电子标签的设备，且在收费站的车道或公路上设置可读/写该电子标签的标签读写器和相应的计算机收费

系统。车辆通过收费站点时，驾驶人不必停车交费，只需以系统允许的速度通过，车载电子标签便可自动与安装在路侧或门架上的标签读写器进行信息交换，收费计算机收集通过车辆信息，并将收集到的信息上传给后台服务器，服务器根据这些信息识别出道路使用者，然后自动从道路使用者的账户中扣除通行费。图 3-5 所示为我国 ECT 高速电子收费系统。

图 3-5　我国 ECT 高速电子收费系统

目前 ETC 产品主要应用于高速公路及道桥收费系统。根据交通运输部"十二五"发展规划，"十二五"期间，全国 ETC 车道将达到 6000 条，电子标签的用户将达到 500 万个。在 2014 年 3 月份，交通运输部发文启动了 ETC 全国联网建设，2015 年 9 月全国 ETC 联网成功实现，未来 ETC 在城市智能交通领域将有广阔的市场前景。

实时的交通信息服务是智能交通系统最重要的应用之一，能够为出行者提供实时的信息，如交通线路、交通事故、安全提醒、天气情况等。高效的信息服务系统能够告诉驾驶人他们目前所处的准确位置，通知他们当前路段和附近地区的交通和道路情况，帮助驾驶人选择最优的路线；还可以帮助驾驶人找到附近的停车位，甚至预定停车位。

智能交通系统还可以为乘客提供实时公交车的到站信息和公交车的位置等信息，便于用户规划等车时间和出行时间。

实时交通信息服务是一种协同感知类任务。设置在各交通路口的传感器实时感知路况信息，并实时上传到主控中心，经过数据挖掘与交通规划分析系统，对海量信息进行数据融合和分析处理，并经通信塔发布给市民。例如，由宁波政府推出的应用"宁波通"，它提供了出行前、出行中、便民服务三大类 18 项便民服务，更便捷的是它融合了交警、城管、气象等多个部门、几十个业务系统的交通信息，涵盖城市的交通设施、交通工具以及所有交通事件，为出行者提供全面、实时的信息。图 3-6 所示为深圳市的实时交通信息服务。

图 3-6　深圳市的实时交通信息服务

智能交通管理主要包括交通控制设备，如交通信号、匝道流量控制和公路上的动态交通信息牌。同时一个城市或者一个省份交通管理中心需要得到整个地区的交通流量状况以便及时检测事故、危险天气事件或其他对车道具有潜在威胁的因素。智能交通管理是一个综合性智能产物，应用了如无线通信、计算技术、感知技术、视频车辆监测、全球定位系统（GPS）、探测车辆和设备等重要的物联网技术。这其中包含了众多物联网设备，如联网汽车用微控制器、RFID 设备、微芯片、视频摄像设备、GPS接收器、导航系统、DSRC设备等，这些设备由于民用情况不多，较多是线下政府采购，但由于近年来物联网的兴起，也渐渐有线上供应平台可以获得，这些平台的兴起使得智能交通概念得以推广。智能匝道流量控制是智能交通管理的应用之一。引路调节灯设置在高速公路入口，引导车辆分流进入高速公路，能够降低高速公路车流断开的几率。

物联网技术，为智能交通提供了更为广阔的发展空间。物联网下的智能交通，采集的信息量将呈指数增长，网络接入时间和控制相应时间要求将达到毫秒级，海量数据分析处理将成为必然，要求相关技术升级换代。以轻型、多模、低成本、长寿命、高可靠传感器、下一代互联网、云计算为代表的新技术的发展，为新一代智能交通发展提供了重要技术支撑。智能交通的发展，则为物联网在交通运输领域的应用创造了良好软环境，培养人们借助信息化技术和理念来思考交通、改变交通习惯，还为物联网应用进行了信息化基础设施、装备等物质和技术上的储备。

2. 矛盾综合体

随着我国城市化的进程不断加快，城市规模越来越大，城市不管是占地面积还是人口规模都逐渐庞大起来。

但是，随着这些进步，城市规划的不合理之处也越来越明显，现在我国大城市面临各种问题，如交通混乱、住房拥挤、环境恶劣等，各方面的资源配置都差强人意。

（1）环境污染日益突出

伴随着我国城市规模的扩大和数量的增加，一些城市陷入了交通堵塞、住房短缺、环境污染、水资源缺乏等困境，这些"城市病"虽不是我国所独有，但在我国的一些城市发展过程中却表现得尤为明显。

特别是环境污染问题，可以说是附在我国城市肌体上的"病灶"和"毒瘤"，严重制约着我国城市的健康发展。城市的生态环境"病灶"突出表现在以下方面：

一是空气污染（图 3-7）。我国城市的空气污染在空间分布上呈现较强的区域特征，城市及其周边地区的污染强度明显高于农村，其中以特大型和大型城市表现最为突出。同等规模城市的空气质量又因工业结构、经济发展水平、城市基础设施完善程度以及所处地区气候特征不同而存在较大差异。例如 2015 年，全国 338 个地级以上城市全部开展空气质量新标准监测。监测结果显示，有 73 个城市环境空气质量达标，占 21.6%；265 个城市环境空气质量超标，占 78.4%[一]。

图 3-7　我国城市空气污染

二是水污染。我国城市水环境污染形势十分严峻，城市河段的水质污染严重。城市河流的污染程度表现为北方重于南方，工业较发达的城镇附近的水域污染明显加重，污染型缺水的城市数目不断上升。城市河段的污染以有机污染为主。随着我国加强对工业污染的控制，工业废水的排放量和污染负荷呈逐年下降的趋势，但与此同时，生活污水的排放量和污染负荷却呈上升之势，已和工业废水污染平分秋色，

⊖ 环境保护部.图解：2015 中国环境状况公报[Z/OL].2016-06-03.http://www.zhb.gov.cn/hjzl/tj/201606/t 20160603_353508.shtml.

在有些大型和特大型城市中，生活污水已上升为主要矛盾。近年来，城市周边地区的农业面源污染愈发突出，农药、化肥的低效使用，导致氮、磷大量流失于湖泊和土壤，使得湖泊富营养化程度日益加重。图 3-8 所示为我国城市水污染。

图 3-8　我国城市水污染

　　三是生活垃圾污染。近年来，我国城市生活垃圾数量有了大幅度增长，城市垃圾无害化处理设施严重滞后于城市发展，其中约 200 多座城市处于垃圾污染重围之中。城市垃圾快速增长已成为当前我国面临的三大环境污染之一。而就目前的垃圾处理方式而言，垃圾处理依然以填埋为主。但由于城市垃圾实际处理率较低，真正达到无害化处理要求的比例还非常的小。随意堆放的垃圾，对城市周边地区的土壤和地下水已构成严重的威胁。

　　（2）交通状况日益恶化

　　在我国，由于过多的资源和人口过度集中到大城市，再加上发展速度太快，规划缺乏预见性，城市建设重生产、轻生活，大规模集中建设开发区，远离城市中心就业区建设大型居住区，致使城市内部空间失调，开发建设挤压绿色空间，大城市面临的交通拥堵等城市病问题更为严重。交通拥堵不仅会导致经济社会诸项功能的衰退，而且还将导致城市生存环境的持续恶化，成为阻碍发展的"城市顽疾"。交通拥挤对社会生活最直接的影响是增加了居民的出行时间和成本。出行成本的增加不仅影响了工作效率，而且也会抑制人们的日常活动，城市活力大打折扣，居民的生活质量也随之下降。另外，交通拥挤也导致了事故的增多，事故增多又加剧了拥挤。同时，交通拥挤还破坏了城市环境。在机动车迅速增长的过程中，交通对环境的污染也在不断增加，并且逐步成为城市环境质量恶化的主要污染源。图 3-9 所示为我国城市交通拥堵路况。

图 3-9　我国城市交通拥堵路况

（3）城市负荷压力增大

城市化进程的一个重要本质就是城市人口比重急剧上升，大批乡村人口进入城市。农民的迁移必然导致城市的就业压力增大，更何况我国城市的发展水平没有达到发达国家的水平，城市要解决这部分人口的就业问题，协调剩余劳动人口的劳动岗位，任务也是相当艰巨的。

其次，城市人口不断增多，住房也急剧增加，使得住房空间拥挤紧张
（图 3-10），城市空间逐渐变窄，绿化程度降低，使城市居民的生活
质量不断下降。最后，由于人口集中向城市进发，导致农民工的医疗
保障、福利待遇、薪金待遇等方面的问题也随之产生，一系列不公平
现象经常出现。城市化进程中的这一系列问题都是亟待解决的。

图 3-10　我国城市住房拥挤紧张状况

3.4　群落，生态间的默契

智慧城市建设因技术复杂、建设周期长、设计投资体量大，对政府和 ICT 企业而言，都是难啃的骨头。面对这个复杂巨系统，构建智慧城市生态之间的群落，成为建设关键。

1. 智慧城市建设的复杂性

智慧城市建设从概念上理解，意味着对一座城市政务管理、民生经济、公共安全、交通出行等方方面面需求的"智慧化"响应。国内智慧城市建设目前还处在初期阶段，尽管有部分基础较好的大城市取得了成功经验，但是部分地区也出现了盲目建设的现象。

主要问题包括以下方面：从组织的角度来看，智慧城市建设的组织主体迥异，缺乏对智慧城市建设统筹组织、协同推进的能力；存在规划完整性问题，很多中小城市智慧城市规划缺乏前瞻性，缺乏城市管理运营设计考虑；从建设内容来看，存在盲目跟风现象，部分地方没有结合新一代信息技术，仍然采用过去的信息化思路和模式；缺乏良好的投融资模式，智慧城市建设面广，持续时间长，涉及技术复杂，地方政府难以一次性筹集足够的整体建设资金，传统的 BT 方式对地方财政压力太大；协同标准化问题，没有建立起适应信息资源整合和共享的标准，无法适应未来应用整合、融合需要。

中国智慧城市建设只有形成开放的大生态圈，才能越做越好。由于国内城市规模大，人口众多，政府管理的事情又杂又多等造成了国内智慧城市建设仅靠政府和几家企业将难以实现。中国的智慧城市建设需要构建一个大的平台，将社会上可以利用的力量都整合到这个平台上，打造出满足智慧城市方方面面需求的生态系统。正如谚语有言，"罗马不是一天可以建成的"，可以想见的是，"智慧罗马"也自然不是一天可以建成的。面对如此庞大而繁杂的系统，作为建设参与者的企业自然需要提前找准位置，以确保自己"心中有数"。

2. 智慧城市建设主体的角色分配

在智慧城市建设过程中，政府更多发挥宏观指引的作用，而让市场和企业成为建设智慧城市的主角。这意味着传统意义上，信息化由政府主导的资源配置模式就逐渐淡化。与此同时，越来越多的智慧城市核心技术被专业的智慧城市解决方案提供商和运营商掌握。在智慧城市建设这个庞大市场机遇面前，它们将努力发挥更为主动和积极的作用。

当然，这个过程决不能忽视政府在智慧城市顶层设计和监管方面的作用。特别是，政府不仅能够保证一切依法依规有序进行、统筹协调多方信息力量，还有助于自顶向下地打破行政体制的制约，打破信息孤岛，真正促进资源的高效、充分利用。

智慧城市建设模式的改变对参与企业提出了更高要求。如前所言，政府正在逐渐淡出智慧城市投资，这意味着，各地智慧城市建设不仅要能够完成资金融资还要能够为智慧城市建设的效益回收负责。在智慧城市实际落地过程中，由社会企业主导的 PPP、BOT 和 BLT（建设－租赁－移交）模式成为主流，这是一种以各参与方的"双赢"或"多赢"为合作理念的现代融资模式。

智慧城市建设作为一项大系统工程，需要企业实现"项目型"到"规划型"的理念扭转。因为智慧城市的建设是一个动态的、永无止境的过程，所以参与企业必须具备规划、建设城市统一平台的能力，在此基础上实现城市"智慧化"的持续改进。

智慧城市建设的最终受益者无非是政府和百姓，对他们而言，看得见摸得着，智慧城市才算真正落地。对政府而言：智慧城市就是要提高政府治理和管理水平，最重要的目标是实现资源配置效率的提高，实现低碳和绿色的发展目标。智慧城市更多的是要以人为本，就是需要政府开展各项公共服务，来满足管辖区域所有居民最大限度的需求。

对百姓而言：智慧城市的惠民措施最靠谱。不管是便利出行，减少道路尾气排放量的智慧交通，还是随时随地实现在家门诊的智慧医疗，还是将便民服务送到百姓身边的智慧社区，这些让百姓感受到智慧城市的便利和对生活的改变的应用，多多益善。

综上所述，对建设者来说，以应用为本，贴近用户，深入分析用户的业务需求将实际应用和性能结合，然后制定出满足用户需求、符合实际应用的解决方案，是其在这个智慧城市应该，以及正在做的。而用户，将始终是智慧城市建设成果的最终评判者和监督者。

3. 构建智慧城市生态之间的群落

华为企业 BG 中国区副总裁杨萍坦言，智慧城市是个"巨系统"。不过，面对这个巨系统，包括华为在内的 ICT 企业正在达成一种共识，形成一套独特的智慧城市建设模式——如庖丁解牛，将"巨系统"分解，推动企业在产业链条间构建起一个庞大的生态群落。

只有智慧城市技术才能使人类获得更好的发展，但没有哪个城市和企业能够单独地完成，真正的智慧城市必须通过一个完整的生态体系来实现。当一个城市的企业之间形成了一种生态间的默契，那么整个城市也会被赋予智慧的内涵，最终受益的还是人本身。

而智慧城市的建设不仅需要建立企业的生态群落，还需建设政府与企业、政府与市民、企业与市民、市民与市民等之间的生态群落，技术、平台、项目等应该均为各个生态群落之间构建的桥梁、通道、服务与支撑。

第 **4** 章 | 城市进化与城市活力

　　任何一个城市都是从无到有、从小到大发展起来的，城市化的进程集中体现了人类文明的发展过程。人类由群居走向村落，由村落走向城镇，由城镇走向都市，就是人类由荒蛮走向进化，由进化走向进步，由进步走向文明的过程。城市起源于人类的活动，它的发展方向应该充分体现人类的思想活动和发展的文化底蕴以及人类文明前进的方向，应充分体现人在城市的地位。

　　现代城市是一个结构复杂、纵横交错、瞬息万变的庞大系统，城市规模的迅速扩大和城市运行的深刻变化迫切要求提高城市管理的水平。管理城市，时刻了解城市运行的动态，随时掌握城市生活跳动的脉搏，并及时、准确、科学、适度地进行调控，是保证城市生活的巨轮正常运转的基础。

　　无论是大城市还是中小城市，要想保持久兴不衰的发展，必须坚持可持续发展理论，重视适度合理的发展规模，重视量的节制性。要大力提倡节约型的生活消费，包括个人消费和公共消费，合理利用、开发和保护资源，尤其是土地、水、能源等，应着眼于长远和未来城市发展不在于规模大小，而在于质量和功能。功能完善，居民生活舒适，是城市的最高理想。

　　智慧城市的发展必将为城市提供可持续健康发展的新思路。智慧城市将城市看作一个整体，以城市的整体高效率运转为最终目的，合

理有效地协调各个部分的相互作用和相互关联，并且在此基础上建立
有效的信息回馈机制。

4.1　城市进化的不同路径

城市的发展是一个城市进化的必由之路。在城市进化过程中，由
于各个城市的政策、资源、模式不同，造成城市化不同的发展路径，
包括健康的、衰落的。通过结合具体城市案例来解读城市进化，可以
为城市规划提供经验。

1.　城市进化的负面路径

江苏省是中国城市化发展的先导区之一，其城市化进程作为社会
问题深化的触媒，产生众多的典型的社会问题。

（1）区域城市化差异和城乡统筹非均衡化

江苏省的发展长期存在苏南、苏中、苏北三大区域社会经济体的
非均衡性问题，发展水平由南向北梯度递减的特征明显。根据江苏省
统计数据显示 2013 年，苏南的城市化率超过 70%，接近高度城市化
阶段；苏中接近 60%；苏北则在 55% 左右，而从 13 个省辖市看，最
高的南京和最低的宿迁，城市化率的差距近 30 个百分点。三大区域
社会经济体的差异表现在经济总量、产业结构、开放程度、社会保障、
文化教育和旅游消费等各方面，呈现出全面性和极化扩大的特征。

与此同时，江苏省的城乡统筹尚不均衡，突出表现在以下几个方
面:城乡居民收入差距拉大，从 2014 年江苏省统计局数据显示，城镇
人均可支配收入为 32326.26 元；农村居民人均可支配收入为
14958.44 元，城乡差距较大；城乡分治格局仍在深化，公共资源和生
产要素在城乡和区域间的流动不平衡；城乡隔离制度仍在局部地区发

生限制作用，乡村居民无法享受与城市居民同等的民生待遇，包括户籍、就业、社会保障、教育等；苏中苏北县域经济发展不充分，整体上地区发展严重失衡，产业结构有待调整，特色经济不突出。

（2）土地利用不合理与居住空间不公平问题

城市化的发展本身表现为城市占用土地并实现空间增长的过程。根据国家统计局数据显示江苏省城市建成区面积由 2004 年的 2253km² 增加到 2014 年的 4020km²，年均增长 176.7km²。仅从土地利用的角度来审视，江苏省的城市化表现为空间外向扩张和城市内涵发展的双向过程：城市外围和农村的耕地让位于各类乡镇企业、农村居民建房以及高速公路、开发区等基础设施和重大项目用地；而在城市中心，土地利用伴随着城市更新中区位功能的调整、区域产业的升级、基础设施的配套以及商业住宅的开发而不断推进。在此双重作用下，江苏省城市化进程中的土地利用问题主要表现为以下若干方面：村镇、城市的土地规划空白或不合理，或与实际利用状况不协调；集体建设用地利用率低，盘活存量土地难度大；成为公共物品的土地转换方式不合理；土地征用矛盾突出；城市用地结构不合理，城市空间分配与产业定位、功能设计、区位特色、市场资源配置相脱节；土地集约利用的评价指标体系和标准缺失。

土地利用牵涉城市居住公平的问题。首先是保障性住房问题，保障房覆盖率低，建设、分配、审核、定价、监管等一系列制度不健全；其次是居住空间分化问题，出现了城市绅士化趋势、弱势群体居住边缘化、城市中心居住空间两极化以及"穷人社区"和"富人社区"显性化的格局，容易形成社会中低收入群体的"被剥夺感"；再次是城市公共空间问题，出现了城市公共空间的衰弱和世袭特权（封闭的高档住宅区分割滨水、绿地等城市公共空间资源，使得城市公共空间逐步成为权贵阶层少数人的"后花园"），弱势群体在被迫出让居住空间的同时也丧失了公共空间的使用权，而阶层的固化让这种空间特权得以传承。

（3）以交通拥堵为主要特征的"城市病"蔓延问题

城市的聚集带来了经济、社会、空间、文化的多元利益，但当城市没有排列好这种聚集资源的时候，人们便不得不面对"聚集不经济"效应。一个直观的例子就是城市的交通拥堵问题。城市学者雅各布斯曾用非常直白的话语道明了汽车并非原本就是城市的破坏者："我们的问题在于，在拥挤的城市街道上，用差不多半打的车辆取代了一匹马，而不是用一个车辆代替半打左右的马匹。在数量过多的情况下，这些以机器作引擎的车辆的效率会极其低下。这种效率低下的一个后果是，这些本应有很大速度优势的车辆因为数量过多的缘故并不比马匹跑得快很多。[⊖]" 交通拥堵作为城市经济快速发展的副产品，是大城市病的一个典型表现，造成了极大的资源浪费。截止到 2014 年，江苏省私人汽车拥有量为 927.48 万辆，相比 2013 年净增 147.05 万辆，为18.84% 的增长率。随着城市快速发展的机动化，以下若干问题都可能引起江苏省的城市交通拥堵问题：城市交通规划的滞后、虚掷或与城市总体规划的断裂；城市道路空间平面发展的低效率——几乎江苏省所有城市都是单一的路面交通系统，城市交通完全依赖有限的道路资源，不能满足混合交通的出行需求；城市公共交通服务薄弱，绿色交通、公交优先等公共交通缺乏竞争力；城市停车难问题突出，出现因停车引起的交通拥堵现象。

2. 城市进化的健康路径

我国台湾在战后实现了快速工业化，创造了令人瞩目的"经济奇

⊖ 查尔斯·K.威尔伯. 发达与不发达问题的政治经济学[M]. 徐壮飞，等译. 北京：中国社会科学出版社，1984：452.

迹"。在快速工业化的带动下,台湾走出了一条高速、高质的城市化发展道路,被联合国作为发展中经济体城市化进程成功的典型案例,可以说又创造了一个"城市化奇迹"。

(1)台湾城市化的发展特点

1)城市化发展速度快。台湾的城市化发展十分迅速,在 20 世纪中期至 90 年代,在短短 40 年内,其城市化率由 24.7%迅速增长为74.4%,平均每年增长达到 1.24%。从台湾的城市化进程来看,产业发展是台湾地区城市化快速推进的主要支撑力量。通过农村剩余劳动力的多元化转移与农业充分发展以及农地制度改革同步推进,并在农民中发展非农业经济,就地利用农村自然资源,发展工业、商业、服务业,使农村迅速向城市化迈进⊖。通过此类模式,20 世纪 50 年代以来,台湾的城市化水平从 1952 年的 47.6%提高至 2010 年的 87.2%⊜。

2)城市规模分布均衡。台湾的城市化还具有另一大特点,即城市规模分布十分均衡,城市人口不过分集中于大型都市,而是较为均衡地分散于各层级都市中。厦门大学台湾研究院博士汤韵利用城市规模法则得出结论:从 1986 年起,台湾城市规模分布越来越倾向于分散的力量。在转折点之前,台湾前五大城市里,人口分布较为集中,特别是集中于首位城市。例如,第一大城市台北与第二大城市高雄人口差距达到 110 万。而转折点之后,排位在第六大城市之后的众多中小城市规模相近,人口分布比较分散。例如,2006 年第七大城市三重市人口为 394757 人,而第八大城市新庄市人口为 392472 人,两者差距仅为 2000 左右⊜。这样的人口分布格局有效地避免了城市过度膨

⊖ 吴子伟. 台湾城镇化建设的经验与启示. [N/OL].人民网,2014-11-21. http://fj. people. com. cn n/2014/1121/c367368-22975817.html.
⊜ 林志伟. 台湾地区城市化发展经验及对大陆的启示[J]. 福建金融,2014(8):22-26.
⊜ 张蓓. 向台湾学习城镇化[J]. 农业 农村 农民:A 版,2013(8):28-29.

胀带来的恶果。目前台湾已构筑了一个由全台政治、经济、文化中心，区域中心，地方中心，一般市镇，农村集镇组成的多层次城市体系。在这一体系中，地方中心与一般市镇主要为中小城市，它们是台湾城市人口分散化的动力，对台湾人口的均衡分布发挥着重要的作用。

3）城市化与经济发展保持协调。从发展水平和经济体制两个方面来分析，城市化模式呈现出三种基本类型：同步型、过度型和滞后型城市化。同步型城市化表现为城市化进程与经济发展同步协调、互相促进，城市的规模和数量适度，城市化的速度与质量同步上升。

回顾台湾城市化历史，可发现台湾的城市化与经济及产业发展关系密切，其发展模式属于同步型城市化类型。这样的城市化发展模式，有效地缓解、消除了城乡对立和"城市病"，从而形成了快速经济发展与稳定社会发展共存的局面。

（2）台湾城市化发展的成功因素分析

衡量一个地区的城市化发展水平，通常以城市化率的高低和快慢作为指标，但是要全面衡量城市化状况，还需要比较城市化与工业化、经济发展水平的关系，更要看其发展中是否存在"城市病"及其严重程度。当我们用这些衡量标准来检视台湾城市化时，可发现其在高速发展的同时保持了高质量的发展，并有效地避免了发展中国家和地区常出现的"大城市病"。因此，台湾城市化发展无疑是成功的。事实上台湾在城市化进程中也曾面临不少问题，如 20 世纪 50 年代后期至 20 世纪 70 年代，随着台湾进入工业化时代，城市化迅速发展，造成经济资源和人口过多地集中于都会地区，由此衍生了诸如城乡差距扩大、人口过度集中、城市交通拥挤、环境污染严重等问题，对社会政治与经济生活都产生了严重影响。基于此，台湾行政管理当局开始对城市化进程进行反思与检讨，并逐步完善相应的经济与都市发展规划，并最终取得成功。因此，台湾城市化发展的成功虽然有其自身的先天优势，但更多的成功因素应归结于台湾管理当局在经济与城市发展领域的政策规划。

1）合理的经济发展政策推动了城市化高速发展。台湾的经济成长得益于其经管部门依据国际经济形势和社会发展需要，及时制订相应的经济发展与产业结构调整计划。而这些经济产业政策同时也对台湾城市化发展产生了深刻影响。从 20 世纪 50 年代起，台湾经济发展政策转为以出口导向为主的发展模式。台湾当局奖励外资，引进外部转移产业，大力促进工业发展；并创建工业园区和出口加工区，积极发展外销工业。在上述经济政策推动下，台湾对外贸易大幅增加，工业及整体经济蓬勃发展。工业的快速发展使资本与劳动力向城市快速集聚，为台湾城市化发展提供了重要的拉力与推力。台湾通过引进美、日资本，大力发展转移而来的劳动密集型产业，吸引了来自农村的大量剩余劳动力，使得台湾城市人口以前所未有的速度快速增长。同时，创建工业园区的经济发展方案，不仅推动了工业的发展，还有效地解决了城市化快速发展中产生的诸多问题。这些工业区和加工出口区被特别设置在都市郊区及农村剩余劳动力充沛的地区，创立了"离农不离村"的分散式工业化，这样就很好地解决了快速城市化造成的农村失业问题，并促进了中小市镇的崛起，缓解了大都市过度膨胀的问题。

2）科学的都市规划保障了城市化高质量发展。推动台湾城市化取得成功的另一大重要因素是科学的都市规划，它有效地保障了台湾城市化得以朝着高质量方向发展，其科学性具体表现为：

①体系化。目前台湾都市规划朝着综合开发的方向发展，具体城市的规划与各县、市、各区域甚至全岛的规划紧密结合，形成了综合性的空间计划体系。这一综合性的发展规划体系由上至下可分为四个层级。一是台湾综合开发计划：主要对台湾地区的土地利用效率、生态资源保护及利用、区域平衡发展、空间环境品质等提出前瞻性、指

导性计划。二是区域计划：针对全台北、中、南、东四大区域拟定的发展计划。三是县市综合发展计划：针对直辖市、县市辖区的发展计划。四是都市计划：针对台湾最基层都市制定发展规划。这样的规划体系能立足于全局考量，将都市和经济发展重心在全岛做统筹规划，有利于人口、产业、土地等资源在空间的合理布局，避免出现因资源过度集中而造成的"大城市病"的问题。同时，由于目前多数的社会经济活动以及重大工程建设会超越单一的地方行政区划，涉及邻近区域的发展，而综合规划体系能使城市之间、区域之间的建设相互配合，发挥更大的综合效应，从而提高都市发展的整体效率。

②制度化。台湾的城市规划还具有一个重要特征，即制度化。事实上，早于 1939 年台湾就颁布过都市计划法，但是随着战后经济飞速发展，台湾都市成长十分快速，延续旧有的都市计划法造成了都市建设领先计划的状况，并因此导致了诸多城市问题的产生。因此，1962年开始针对都市计划法进行检讨，并最终于 1964 年修订了新的都市计划法，1973 年完成了第二次修正，到 1976 年发布《都市计划法台湾省实施细则》，台湾完整的都市计划法制体系最终建立，此后历经多次修正，不断完善。完善的法律体系为都市规划的政策制定与运行提供了有效的监督与支持，使台湾的都市计划能够避免受到不同利益集团与政治因素的干扰，得以进行科学规划与独立审核，从而为保障都市规划的长期性、有效性和可持续性奠定了坚实的基础。

③开放化。台湾科学的城市化规划建立在吸收先进国家的发展经验与广泛吸取各方意见的基础之上。早于 20 世纪 60 年代，台湾为确保《台北基隆都会区域计划》的顺利实施，邀请联合国专家 Mr. Monson 对台湾城市化提出相关建议。他提出，城市发展规划中首先要制订土地开发计划，对都市和经济发展重心进行合理布局，注意发展部分小城市，避免出现过度集中的状况；其次要进行人口合理

布局，应引导人口向小城市转移，形成合理的中心城区与卫星区关系，而具体的发展规划需要根据各都会区不同的情况而定。这些建议代表着西方发达国家的城市化发展理念，显著特点就是追求空间效率为前提，将城市规划与经济发展紧密衔接。在此引导下，来自西方的发展理念逐步成为台湾由经济技术主导的经济发展和都市建设的重要思想基础，使得台湾城市化在快速发展初期就具有明显的有序、渐进和规范化的特点。台湾的城市规划还注重吸收基层民意，强调民众的参与度。在台湾 1964 年修订的《都市计划法》就规定要引导民众参与，增加城市规划透明度，并且鼓励私人投资城市公共设施，动员各方力量参与城市建设。民众的参与使得都市发展规划能与民众需要相结合，从而增强规划的合理性，提高城市化发展的实效性。

4.2　人与城市进化

1. 城市进化中的人本主义

以人为本的城市化，就是城市政府在实施城市化战略时，要充分考虑人的需要，这种需要从经济社会因素来考虑既包括生产、生活需要，也包括居住、休闲等需要，更包括文化、卫生、教育等公共需要。从可持续方面来考虑，既包括当代人的生活和发展需要，也包括后代人的生存和发展需要。以人为本的城市化，不仅要将人的全面发展作为城市化的根本目标，更要为人的全面发展创造条件，形成有利于人的全面发展的经济、自然、社会、文化环境。以人为本的城市化，要在满足人的基本物质需要的基础上，实现人与自然的和谐、人与人的和谐，实现城市经济、环境、社会效益最大化。因此，以人为本的城市化蕴含了丰富的内容，其实现途径也应从多方面加以考虑。

伴随着技术的创新发展，城市化进程中出现的诸多社会问题也便有了更好的解决方式。把握技术的集约化、高效化和自动化等特点，通过引进技术，使得城市生活、工作以及管理变得更加便捷、高效、智能。通过技术解决交通拥堵，环境恶化，住房紧张等涉及民生根本的问题，将城市化回归以人为本。

2. 智慧建设的常州镜鉴

"人们来到城市，是为了生活；人们居住在城市，是为了生活得更好。"2000 多年来，亚里士多德的这句论述，被全世界奉为城市发展之圭臬。历经数千年发展，城市变得更加庞大，更为发达，但蓦然回首，人们又都看到：糟糕的环境、拥堵的交通、高企的房价、陌生人社会……生活在大城市还有多少幸福感已成为网络热议的话题，也是每一个城市人心中的隐痛。尤其是今天，在经济发展进入新常态，环境容量渐不堪重负，互联网打破"熟人社会"的新时代，如何让城市更加宜居，更加智能，更加幸福？这是任何一个城市管理者都无法回避的现实课题。

当我们把目光移向常州，分明看到了城市进化的另一个样本（图 4-1）。

图 4-1　常州城市样本

依托常州市信息化建设水平，发展智慧常州明确把社会应用和产业发展作为两条主线。常州"智慧城市"将结合产业基础，紧抓"智慧城市"建设机遇，以国民经济和社会发展领域智慧化应用、智能制造装备产业加快发展为主线，以用促产，以产带用，产用结合，实现社会应用智慧化、产业升级智能化。规避区域同质化竞争，结合常州产业基础和省政府对常州战略性新兴产业发展定位，以"智能设计、智能生产、智能材料、智能装备、智能产品和智能系统"为方向，大力发展"智能电网、智能轨道交通、智能农业装备、智能工程机械、智能基础装备和智能机器人"等特色产业，打造"智能制造装备名城"。践行信息化惠民，应用服务于民生。这样的目标不但规定了智慧常州的发展方向，同时对于智慧常州的主要应用领域进行了合理规划。更值得一提的是，常州将绿色作为一张跻身世界名城的"名片"。

现代化不能让车水马龙的喧嚣、雾霾围城的迷惘，淡漠了田园的乡愁，湮没了绿色的生机。追求城市之绿，不但关乎决策者的管理智慧，更基于绿色技术和产品研发的产业底色。走进常州绿和环保建材公司生产车间，听不到轰鸣噪声，看不见粉尘飞扬，庞大的德国哈兹马克处理设备在封闭下沉的生产区静默作业，每年将有 160 万 t 建筑垃圾在这里变成新型节能环保"海绵砖"。2015 年 8 月，常州绿色建筑产业联盟正式成立，首批 17 家会员单位联合承诺，"节能环保，筑梦未来，共同打造绿建生态链"。单个绿色建筑的简单叠加不是绿色城市，单个绿色技术的简单堆砌也绝非绿色建筑，绿色建筑需要因地制宜的技术优化整合与集成创新。常州人理解的"绿"，早已突破了城市绿化的初级层面，他们更加追求城市立体开发的绿色布局，慢行友好的绿色交通体系，多元应用的绿色能源，循环利用的绿色资源和节能改造的绿色建筑。

来过常州的人，都会对武进区一栋色彩斑斓的建筑念念不忘。这座造型若凤凰展翅的建筑，就是斩获 2013 年度中国建设工程鲁班奖，被建设部评为三星级绿色建筑项目的常州凤凰谷大剧院。这一项目集成了包括立体绿化系统、绿化节能、太阳能光伏系统、雨水回收系统在内的 15 项绿色技术。它不但是一个节能率高达 73.6% 的单体建筑，更是一个世界最前沿绿色技术的形象展示馆。令记者印象深刻的是，在常州武进区的一处政务办公楼里，迎面就是一道"绿墙"。通过以色列精确滴灌技术和垂直绿化技术的应用，硬是在一整面墙上栽出了400 多盆绿植。

在政府智慧服务层面，深入推进行政权力网上公开透明运行，加强政府门户网站群建设，健全市民卡的政府公共服务载体功能，加快网上办税服务，实现管理型政府向服务型政府的转化；在社会智慧服务层面，建设无线城市，完善金保系统，促进农业农村信息化，推进数字档案查询、食品药品追溯、智慧物价、虚拟养老等信息惠民工程，满足信息化发展成果惠及全民的客观需求。图 4-2 为智慧常州首页。

图 4-2　智慧常州首页

通过城市可视化运行管理、综合管理、交通出行管理、社会综合管理的智能化应用，实现城市公共安全、交通运输、生态环境等各领域的智能响应和运行。集约化建设城乡社区综合管理和服务信息化平台，积极推进社区信息基础设施共建共享，依托信息化手段和物联网技术，构建信息共享、服务便捷的全新智能社区形态。建设完善智慧城市应急指挥管理系统，加强对流动人口、重点人员、特殊人员的服务管理，综合利用各类公共视频资源，创造宜居城市。建立实用共享的区域智能卫生信息系统，加快居民健康档案、电子病历的全覆盖进程，构建"智能卫生、健康市民"的卫生智能化体系。整合各方教育资源，推进"数字校园"建设与应用，构建和推广终身教育服务平台，满足人民日益增长的教育和培训的学习需求。整合常州旅游"吃、住、行、游、购、娱"等要素资源，在旅游体验、行业管理、智能景区、电子商务等方面广泛应用云计算、物联网等前沿的信息技术，开拓常州旅游服务业的新局面。

"一座可持续发展的城市就是一座公平的城市，一座美丽的城市，一座创新的城市，一座生态的城市，一座易于交往的城市，一座密集而又多中心的城市，一座具有多样性的城市。"世界建筑大师理查德·罗杰斯曾这样描绘他心中目的"理想城市"。这正是常州城市智慧发展的终极目标，且行且近。这些年，常州的城市名片已有很多，主题公园无中生有的"常州模式"，道德讲堂以文化人的"常州模式"，医患和谐调处中心的"常州模式"，社会救助一门受理的"常州模式"，医保卡拓展健身消费功能的"常州模式"……智慧的常州人，以敢为天下先的创新胸襟，创造出一个个可复制、易推广的城市发展和社会管理经验。

3. 智慧城市是"双创"的重要形式

智慧、创业、创新和智慧城市，这四者之间的关系很是紧密和微妙。缺乏智慧，创业就找不到正确的方向，就会失去持续前行的动力；缺乏创业的支撑，创新就是无源之水、无本之木；智慧、创业、创新，都是智慧城市的关键词，而智慧城市又通过信息技术将物理世界与虚拟世界深度融合互控，从而实现社会生产力和管理模式的本质革新，将为大众创业、万众创新提供强有力的要素支持。

　　智慧城市不仅仅是城市发展的方向，政府转变职能、服务民生的抓手，还是"大众创业、万众创新"的重要实现形式。为什么这么讲，理由有三：

　　第一，智慧城市是信息技术的深度拓展和集成应用，必将在大众创业、万众创新浪潮中培育并形成新的经济业态。现在有一个非常火爆的词语叫作"互联网+"。"互联网+"是什么？就是一种新的经济业态。"互联网+银行"诞生了互联网金融，"互联网+卖场"诞生了电子商务，"互联网+教育"诞生了在线教育……在产业融合的大趋势下，"互联网+"正发挥着产业革新的倍乘效应。智能城市的本质，就是以移动互联网平台为基础，利用信息通信技术与各行业的跨界融合，推动产业转型升级，并不断创造出新产品、新业务与新模式，构建连接一切的新生态。据美国咨询公司数字资本的报告，2014 年我国估值超过 10 亿美元的初创企业达 19 家，总估值达 470 亿美元，全部来自移动互联网领域。现在我国有 300 多座城市提出或在建智慧城市，包括95% 的副省级以上城市、76% 的地级以上城市，总计划投资规模近 2 万亿元。我们有理由相信，在大众创业、万众创新热潮下，在资源和环境压力加大、传统增长动力不足的情况下，通过智慧城市培育新的业态，将成为我国加快经济转型的重要路径，为经济发展和创新型中国增添持久动力。

　　第二，智慧城市的重要标志是政府转变职能更好地服务民生，必将为大众创业、万众创新提供更迅捷、更透明、更能激发活力的发展环境。李克强总理讲过，大众创业、万众创新，实际上是一个改革。之所以提出"大众创业、万众创新"，就是要以简政放权的改革为市场主体释放更大空间，让国人在创造物质财富的过程中同时实现精神追求，这是政府一直努力的方向。智慧城市建设产生的"倒逼机制"，将要求政府充分利用大数据、云分析等技术，将城市服务整合成一个统一的公共服务平台，通过建立移动互联网通道，为创业者、创新者和广大市民提供电子政务一体化与政府公共数据开放服务，实现政务迅速受理和反馈，甚至在线审批。同时，通过搭建数据交换和服务平台，可以将人口库、法人库、地理空间库、宏观经济库、建筑物基础库等信息进行感测、分析、整合，打通"信息孤岛"。智慧城市背景下，市民可以通过手机享受行政服务大厅的一站式服务，进行信息查询、在线预约、在线办理，大幅度提升社会整体服务效率和水平。在日新月异的大融合、大改革、大转型背景下，效率和信息就是黄金，这也是广大创业者、创新者最现实、最迫切需要的福音。

第三，智慧城市的深刻内涵是以人为本，实现可持续发展，必将为大众创业、万众创新提供突破桎梏的重要路径。第十二届全国人大三次会议闭幕后，李克强总理在回答记者提问时说，必须发挥人民积极性、主动性、创造性，经济进入新常态，实现发展动力转换。进一步兴起大众创业、万众创新热潮，有利于广泛动员和激励人民群众参与改革、推动改革，形成全面深化改革的强大合力。历史实践一再证明，群众的探索实践、创造性，是推动改革的重要力量。大众创业、万众创新，在发展过程中必然会面对各种阻力，特别是体制机制的障碍藩篱。借助智慧城市进程的加快，伴随着一批批创新型企业家的涌现，充满智慧、卓识的创业者创新者，将成为改革的呼吁者、推动者，进而让体制机制更加顺畅，让更多的后继创业者、创新者受益于改革。这也正是总理感喟"高手在民间，破茧就可以出蚕"的深远意义。以智慧城市常州为例[⊖]，见图 4-3 常州市 2010~2015 年创业人数趋势图。

⊖ 数据来源：常州市统计信息网. 2010~2015 年常州市国民经济和社会发展统计公报. [Z/OL]http:// www. cztjj. gov. cn/class/OEJQMFCO.

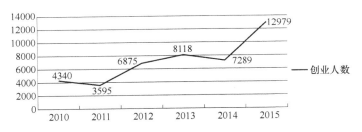

图 4-3　常州市 2010～2015 年创业人数趋势图

　　趋势图显示，常州在过去 5 年的时间创业人数总体呈上升趋势，尤其是 2015 年，创业人数增幅较大。2015 年，常州市出台了《常州市人民政府关于进一步做好新形势下就业创业工作的实施意见》（以下简称《实施意见》），针对经济新常态下就业面临的新形势、新变化，明确了一系列促进就业、创业的政策措施，着力推进大众创新创业，催生经济发展新动力。新政更加突出推动大众创业、万众创新，坚持以创业带动就业，努力增加新的就业增长点。

　　新政明确，对参加人力资源社会保障部门认可的创业培训的高校在校生、毕业 5 年内高校毕业生和本市户籍登记失业人员，在常州首次成功创业并领取营业执照的，可给予一次性开业补贴，补贴标准为 6000 元；对经认定的市级、省级和国家级大学生创业园，分别给予 30 万元、50 万元和 100 万元的一次性专项扶持；对认定的创业孵化基地（大学生创业园）按照孵化成功（在基地内注册登记并孵化成功搬离基地后继续经营 6 个月以上）的企业数，按每户不超过 5000 元的标准给予创业孵化补贴[⊖]。

　　新政是对原就业创业政策的一次集成，将一次性开业补贴、创业带动就业补贴、创业孵化补贴、求职创业补贴、创业担保贷款等原本分散的政策集中在一起，形成了更加完善、更加积极的就业创业政策

⊖　《常州市人民政府关于进一步做好新形势下就业创业工作的实施意见》（常政发[2015]186 号）。

体系。

下一步，市人力资源社会保障部门将积极抓好《实施意见》的贯彻落实，通过完善配套文件、优化经办服务、完善协调机制、强化政策宣传等措施，确保各项政策更好更快惠及于民[○]。

一座智慧的城市必然是宜居的城市，宜居的城市必然优先集聚创新创业人才资源，这正是新常态下转型发展的第一动力。常州市鼓励扶持创业，积极营造良好的创业环境，为智慧城市持续建设提供强大动力。

4.3 逆城市化新思路

逆城市化是相对于城市化而言的。美国地理学家波恩于 1976 年提出逆城市化概念，指的是西方国家的城市化发展到一定阶段后，伴随交通拥挤、犯罪增长、污染严重等城市问题日渐突出，城市生活压力增大，一些城市人口开始迁往郊区或农村居住，市区出现"空心化"，以人口集中为主要特征的城市化由此发生逆转。逆城市化的人口流动一般呈现出特定的阶层秩序，富人最先搬出，随后是中产阶级，伴随着新居住地功能完善，最后形成新型小城镇[○]。

从城市化进程来看，逆城市化是经济社会发展到成熟阶段、城乡差距大大缩减后的一种自然现象，是城市化发展的一种高级形态。因此在波恩的概念中，"逆城市化"是城市化发展进程中的一个阶段，并且是出现在城市化后期的。

○ 常州市人力资源与社会保障局.《常州市人民政府关于进一步做好新形势下就业创业工作的实施意见》政策解读[N/OL].常州市政府门户网站，2015-12-18.http：//www.changzhou.gov.cn/ns_news/407145040393984.

○ 贺军.安邦：客观看待中国的逆城市化现象[Z/OL].和讯网，2015-12-28.http://opinion.hexun.com/2015-12-28/181452234.html.

思路决定出路。正视逆城市化现象带来的经济战略思考，严格意义上说逆城市化的经济运行趋向不仅提示了经济发展的一种新需求，而且对于我国稳健发展经济具备得天独厚的优势，可以达到利用较低的经济成本来实现经济的良性可持续发展。以政治思维谋划来契合逆城市化现象引发的经济深层次转型发展与融合。事实证明，经济与政治本身就是互为融合、互为制约、互为生存的综合体，如果没有政治的可靠保障，经济的发展犹如空中楼阁"下不得地"，从政治高度着眼来思考谋划逆城市化经济的规划，势必会让逆城市化经济发展拥有强大的生命力。可见面对逆城市化新现象的出现，需要引起国家高层高度重视。

1. 逆城市化背后的人本诉求

对于我国过早的逆城市化现象应该客观分析，不能轻易得出对错的判断。首先，逆城市化是城市发展的规律，城市化进程到了一定程度，城市化与逆城市化就会同时出现，不同的人群有不同的需求，逆城市化也反映了一部分人的需求。例如，随着城市中产阶级的兴起，他们有更多的休闲需求，对更好的生态环境的需求，也有逃离城市喧闹的需求等，并非只是低收入人群因为高生活成本而离开城市。

其次，我国的逆城市化现象有制度因素。目前，我国的城市与农村土地制度不同，农村土地制度改革的前景是驱动逆城市化现象的原因之一。例如，拿到农村户籍后，可以拥有农村土地、林地的承包权（如果是长期承包，相当于变相拥有产权）。农村宅基地也存在制度改革的前景，如果未来宅基地产权制度改革取得突破，宅基地能够上市进行产权交易，将会赋予农村居民一笔可观的财产性收入，还能够刺激数量可观的城市资本下乡。国内目前数量极为可观的小产权房，就是城乡土地制度落差的畸形结果。目前，农村土地制度改革已迫在眉睫，这应该是我国讨论逆城市化应该考虑的一个焦点，我国的农村土地制度改革已经严重滞后，跟不上形势发展。如果在制度改革上突破，我国的逆城市化并非坏事，对于推进资本下乡、促进小城镇建设和发展，实际上大有好处。

2. 智慧城市建设乱象

自智慧城市概念提出后，全球引发建设热潮。随着国外先进国家应用效果逐步显现，我国不断出台扶持政策大力推动建设智慧城市。与此同时，各政府机构和社会组织的智慧城市试点活动、会议论坛层出不穷，相关标准体系建设有序推进，智慧城市建设投资日益高涨。

我国已有多个城市喊出"建设智慧城市"的口号，但相关城市服务的落地实况并不尽如人意。不少市民对智慧城市的认知只是停留在"高大上"的概念想象层面。市内交通依旧拥堵、雾霾天气持续加重、智能会诊几无试点、公共服务机构办事效率并无明显提升……智慧城市似乎只是"听起来很美"。

由于我国的智慧城市建设总体尚处于起步探索阶段，不少地方关于智慧城市的发展路径和发展模式缺乏全局性的统筹规划和通盘考量，顶层设计以及相应的法制保障亟待完善。一些政府部门对智慧城市的内涵和定位认识不清，一些政府官员甚至将智慧城市视作"标签"式的政绩工程，在缺乏实际调研和科学论证的情况下，盲目上马一些智慧城市项目，使中国的智慧城市建设出现了很多问题。

（1）达不到"智慧"要求

认识上，很多人把智慧城市等同于数字城市，其实智慧城市与数字城市是信息化不同发展阶段的产物，智慧城市基于数字城市，但高于数字城市；技术上，没能开发"一揽子"解决问题的业务操作系统软件，不能"一卡通";实践上,缺乏安全可靠、管理严格、服务一流的云服务业务工程公司,承担智慧城市建设的公司缺乏成功案例与经验。

（2）信息孤岛、网断联难仍存在

智慧城市实际上是物联网的具体应用,其障碍主要有三方面:其一,部门分割、条块分割的小数据中心建设,形成了众多的"信息孤岛"。其二,标准建设相对滞后,标准不统一,业务操作系统软件难以模块化开发。例如,人车路等基本的数据单元,不同的领域、不同的管理部门各建一套,基础数据单元标准不一。其三,业务传感与应用装备,各部门各自建设,甚至一个部门内部也不统一建设,造成"有网无联"。例如,治安的一套探头、城管的一套探头和交警的一套探头,既不相容,又同样低水平,还各自成网。

（3）体制难以突破

概括起来说,主要是投资、建设、运维、使用、监管的机制不健全。在投资和建设方面,由财政拨款投资,各部门各自建设,导致重复建设多、业务专用网建设水平低、高效处理能力弱等问题;在运维方面,技术类、事务类等业务没有剥离,仍由政府部门内设机构直接负责,导致运维效果差、效率低;在新的商务模式创新方面,政府购买云服务的采购方式、政策保障、业务监管等尚未建立健全。

（4）网络权益与安全保障举措失配、错配

缺乏法律手段、技术手段、工程手段协同配套的统一设计,各种手段运用能力建设不足;安全的执法、司法力量较弱,无法很好地保障网络权益;云服务公司制度建设滞后,管理不到位,缺乏责任追溯体系;网络实名制等基本制度建设推进不足;网络的安全技术、工程技术创新与应用投入不足。

（5）网络基础设施建设不充分

泛在、互联、高效、优质、廉价、便利的网络基础设施是智慧城市建设的先决条件。而现实是：泛在网建设进展慢、覆盖水平低；各类网络自成体系，相容性低，传输速度、质量不高；网络收费偏高，制约了各类业务物联网的使用与发展；业务专用网（传感网、专用物联网）建设落后，重视不够，投入不足；网络的"最后一公里"重复建设大，小区入户重复率高，不利于家庭、社区物联网与骨干网的分别建设、有机对接、业务开发。

3. 法兰克福的城市赋能

法兰克福是一个充满魅力的城市。它不仅是德国金融业和高科技业的象征，而且还是欧洲货币机构汇聚之地。法兰克福还是德国的文化重镇，大文豪歌德就出生于此。从 16 世纪开始，这里被指定为罗马皇帝选举和加冕的地方，并逐渐成为欧洲文化中心。这里拥有"德国最大的书柜"——德意志图书馆，凡 1945 年以后出版的德语印刷物都有义务提交它保存。它还是世界图书业的中心，每年 11 月举办的法兰克福国际图书博览会非同凡响。

法兰克福的智慧城市建设主要是由法兰克福环保局负责。与其他城市相比，法兰克福更加注重绿色发展，其目标是建设绿色城市，并成功提名为"2014 年欧洲绿色之都"的候选城市。

（1）"环城绿带"

法兰克福全市绿化覆盖率高达 52%，由花园、公园、树林、水泽和沙丘等多样化地貌组成，人均占有公园绿地就达到 $40m^2$。法兰克福最大的绿化动作当属持续 20 多年之久的建设环城绿带（GreenBelt）计划，目前，长达 75km 城市外围的"法兰克福绿化带"基本建成，不仅成为城市绿化屏障，还通过数次立法，征求市民意见，增添了许多休闲娱乐设施，大力度向市民开放。

（2）被动式住房

法兰克福提出了以住宅建筑节能为核心的"节能家庭方案"。这种被动式节能建筑特点体现在两个方面：一是注重房屋的保温密闭性，二是充分利用可再生能源。在政府扶持政策方面，对于新建的房屋，建房者可以到地方政府参股的银行申请优惠的低息贷款，还可以享受联邦政府给予的奖励；对于改造的房屋，政府通过节能改造样板房进行典型引路，发放低息贷款和补贴扶持节能改造项目，但要求改造后房屋节能必须达到 30%～40%。预计 10 年后法兰克福节能型被动屋的比例能达到 60% 以上。

（3）节电奖励

为了鼓励居民节约用电，法兰克福市政府采取了现金奖励的办法。法兰克福是德国第一个用现金奖励节约用电居民的城市，而且居民可以从法兰克福能源局或者麦诺瓦有限公司免费领取电力测量仪。居民在一年内如果能够节约 10% 的电，就可以得到 20 欧元的现金奖励，在此基础上，每多节省一度电还可以得到 0.1 欧元。到目前为止，法兰克福的居民平均获得了 65 欧元的现金奖励。图 4-4 所示为法兰克福城市图景。

图 4-4　法兰克福城市图景

（4）控制大气排放

在环保方面，法兰克福除了关注绿化以外，还比较重视空气的质量。特别是在控制二氧化碳排放方面，采取了大量的应对措施。第一，低排放公交车。法兰克福在数年前就率先启用了低排放公交车，在公交系统，法兰克福坚持使用配备高标准（EEV）的车辆。第二，天然气汽车。2005 年，法兰克福市政府决定将其车队全部改换为天然气汽车，目前市政府及其下属企业已经有 400 辆天然气汽车投入使用。第三，低排放区域。2008 年 10 月，法兰克福在市区划出一片面积约 110km² 的区域设为低排放区。所有的高排放车辆都不允许驶入该区域，只有黄标（欧 3）和绿标车（欧 4）才可以进入。从 2012 年开始，只有绿标车方可驶入，否则，就会受到 40 欧元的罚款处理。第四，鼓励自行车出行。

（5）垃圾再利用

随着相关技术的成熟，除了常规的填埋和焚烧外，法兰克福正在越来越多地利用生物技术降解垃圾，将之转化为电能和热能。例如，利用生物发酵剂处理厨房垃圾，将法兰克福全市每天 1000t 以上的生活垃圾转化为无公害生物有机肥，可利用这些有机肥培植无公害蔬菜及花卉等。

（6）水资源管理

虽然德国整体而言水资源丰富，但政府也不忘通过各种手段鼓励节约利用水资源。例如，法兰克福所在的黑森州政府就提供一部分补贴，鼓励和帮助居民购买雨水收集设备，主要是通过房顶收集雨水，雨水经过管道和过滤装置进入蓄水箱或蓄水池，再通过压力装置把水抽到卫生间或花园里使用。

（7）法兰克福智慧城市的经验与启示

1）专门机构：法兰克福在建设智慧城市过程中，由专门的机构统一规划调度，负责相关事宜。为建立绿色清洁的城市环境，法兰克福政府部门——环保局，亲自操刀，提出一些长期、宏观的规划目标，专门规划城市发展，从而避免政出多门的现象。

2）政企合作：为了更好地建设智慧城市，法兰克福会根据情况，选择 PPP（Public—Private—Partnership）模式，即政府和企业合作的模式。合作有两种情况：一种是政府首先会在某个方面提出长远的宏观目标，并通过财政补贴的方式引导企业进行相关研究，最终从若干参与者中选出合适的合作者。另一种是像德国电信、西门子、宝马等大型企业为了推销本公司的某种产品或服务，会在一些城市进行试点，符合条件的或对项目感兴趣的城市会积极参加这些企业开展的试点竞赛。

3）务求实效：相比一些国家对"智慧城市"的追逐和热捧，法兰克福人对"智慧城市"的认识更加理性和务实。他们并不认为"智慧城市"有统一的模式，而且在建设智慧城市的过程中并未过多使用甚至几乎没有使用国人熟知的物联网、云计算等新兴信息技术，而是充分考虑市民生活质量的改善和城市竞争力的提升，而不能盲目跟风，做表面文章。只要能够促进市民生活质量改善和城市竞争力提升的工作即可视为建设智慧城市。

4）以人为本：在建设智慧城市的过程中，"以人为本"的理念在法兰克福得到了充分的体现。在策划某个智慧城市项目的时候，城市政府会做仔细认真的前期调研，在此基础上充分地考虑当地居民的需求，还会在项目实施之前选择若干志愿者进行实际体验，之后根据志愿者的意见和建议对项目方案进行修改完善并在更广范围推广。

（资料来源：杨琳. 法兰克福：求真务实规划智慧城市发展[J].中国信息界，2014（4）：64-67.）

第 5 章 | 智慧城市的规划与设计

　　城市化是我国未来 50 年发展的核心主题之一，智慧城市建设是我国当前面临挑战与机遇的汇聚点，是信息化、工业化、农业现代化汇聚的平台。中国智慧城市建设的背景、路径和方式，与西方城市有明显区别，因此，需要探索一条自己的智慧城市建设道路。

　　智慧城市"总体规划"是对整个城市在应用信息化、网络化、数字化、物联化、智能化科技支撑城市科学管理、民生服务和可持续发展的总体目标、原则、内容和任务的谋划。

　　智慧城市是以云计算、物联网、移动互联网、大数据等新一代信息技术应用为基础，以实现城市中的人与人、物与物、物与人的全面感知、互联互通和信息智能利用为特征，从而实现高效的政府管理、便捷的民生服务、可持续的经济发展为目标的先进的城市发展理念。

　　智慧城市的建设目标是充分利用科技创新，以"智慧"引领城市发展，打造环境生态宜居、产业健康发展、政府行政高效、市民生活幸福的城市。在城市信息化基础上，新一代信息技术进一步在城市运行的各个领域全面渗入，形成一个全面感知、广泛互联、相互协同的有机网络。

　　我国的智慧城市发展和建设还处在初级起步阶段。因此，城市智慧化的建设过程中，各地区城市要针对自身的问题和特点进行规划建设。如果只是照搬外国的成功案例，往往并不能够达到预期的目标，也很容易得不偿失。我国地域广阔、地大物博，城市众多，不同的城市因为其地理位置、气候条件、发展历史的不同因而具有特殊性，因此在规划过程中就必须同时考虑城市的共性和个性。

智慧城市指导下的规划思想要求能够正确把握各个系统之间的关系，城市规划要有预见性。目前，我国的城市规划面临很多问题，这就需要在"以人为本"的核心理念指导下，信息技术的支撑下建立一套系统完善的方法与工具对城市的数据进行采集、分析，并最终做出正确的决策。只有这样，才能很好地平衡公共利益和私人利益之间的关系，最终满足民众的种种需要。

5.1 智慧城市规划概念

1. 智慧城市规划内涵

（1）智慧城市规划定义

智慧城市规划是根据智慧城市发展趋势、愿景和发展目标，在综合区域基础条件、产业发展、资源供给和内外部环境等基础上，结合城市发展规律和先进经验，运用科学的规划理论和绩效模型，制定一个完整的智慧城市建设方案的过程。

智慧城市规划与传统的城市规划的区别在于传统的城市规划是为了实现一定时期内城市的经济和社会发展目标，确定城市性质、规模和发展方向，合理利用城市土地，协调城市空间布局和各项建设所做的综合部署和具体安排，主要规划城市发展方向、空间布局、基础设施等，以城市土地利用配置为核心，建立起城市未来发展的空间结构。同时，其也存在着疏于满足市民需求、未能客观平衡公共利益与私人利益、制度上的失灵削弱规划实施效果等一系列问题。智慧城市规划则强调充分利用新一代信息技术，为未来城市在信息基础设施、公共管理服务、产业发展及环境建设等方面制定方案，目的在于占据未来城市发展的制高点，提高城市的综合竞争力和人的幸福感。

（2）智慧城市规划特点

1）复杂性。智慧城市是以云计算、大数据、物联网等新一代信息技术为基础展开的城市新一轮的创新发展，在信息基础设施、公共管理服务、产业发展等方面都将进行复杂的升级优化。智慧城市的复杂性决定了规划设计必须随着城市的发展不断进行调整优化。

2）战略性。智慧城市建设已经成为世界新一轮产业和技术竞争的战略高地，直接影响着未来城市的竞争力。同时，智慧城市的建设将为系统解决我国城市发展过程中存在的增长方式粗放、公共服务供需矛盾突出、生态环境恶化等一系列问题提供新的战略和策略。

3）创新性。新的城市发展理念和先进的信息技术为智慧城市建设提供了有效支撑，同时，智慧城市建设也对充分利用新理念及新技术提出了更高要求，需要以创新思维来制定智慧城市的规划。

4）系统性。智慧城市建设作为一个庞大的系统工程，本身是建立在城市基础设施、网络结构和环境等一系列不同的系统之上，这些系统不是独立存在的，相互之间有着密切的联系，而每个系统之间又存在着个性和差异性，形成了一个系统的有机整体。

5）综合性。智慧城市建设是一项综合性很强的工作，具体的城市规划必须综合考虑经济、社会、文化、环境等各方面因素，实现协调、有序的发展。

6）艺术性。智慧城市规划既是一门科学，又是一门艺术，科学性体现在智慧城市规划要遵循城市规划的基本客观规律，要充分运用新一代信息技术建设智能型城市；艺术性体现在智慧城市规划的实践性和创新性，注重城市形态的和谐性，满足人对艺术的追求。

（3）智慧城市规划作用

规划是建设的基础，智慧城市规划是一个科学、系统的智慧城市建设纲领和指南，包括智慧城市建设思路、建设路径、建设模型、建设内容、重点工程等各个方面，是进行智慧城市建设的基础，指导、规范智慧城市建设各项工作的实施。

智慧城市规划属于智慧城市建设的顶层设计，是智慧城市建设过程中的一份长远路线图，是建设和管理智慧城市的基本依据，直接影响到智慧城市建设的理念、思路和进程等方面，关系到智慧城市建设的成败。

目前我国智慧城市建设中所面临的突出问题是缺乏科学、统一的智慧城市顶层设计和总体规划，导致出现"信息孤岛"、重复建设、缺乏标准体系等一系列问题。智慧城市能否做好的关键不在于做多少工程，而在于能否把原有的系统有机地整合，做好顶层规划和具体项目之间的衔接，真正地以人为本，然后解决社会经济发展的问题，再把相应的数据进行融合，能够促进资源共享，这是极其重要的。

2. 智慧城市规划原则

（1）基本原则

智慧城市通过更深入的智能化、更全面的互联互通、更有效的交换共享、更协作的关联应用，实现现代城市运作更安全、更高效、更便捷、更绿色的和谐目标。智慧城市规划主要有愿景先行、"智""慧"并行、六路同行、操作可行、目标必行、安全随行六大原则：

1）愿景先行，认识智慧城市发展的基本规律，提出具有前瞻性、引导性、科学性的愿景图。

2）"智""慧"并行，"智"指智能化、自动化，是一个城市的智商，"慧"指灵性、人文化、创造力，是一个城市的情商。

3）六路同行，智慧基础设施、智慧治理、智慧民生、智慧产业、智慧人群和智慧环境等六方面协同发展、系统推进。

4）操作可行，智慧城市的各项建设任务是可行的、可操作的，发展目标、具体任务是基于当地城市实际情况提出的。

5）目标必行，智慧城市建设要以提升人们的生活品质和城市竞争力为根本出发点和归宿点，而非形象工程和技术工程。

6）安全随行，随着云计算、大数据、物联网等新一代信息技术的发展，信息对经济和社会的影响不断扩大，智慧城市的建设以新一代信息技术为基础，要求规划智慧城市的过程中必须充分考虑到信息安全问题，积极维护国家、城市、个人的信息安全。图 5-1 为国脉互联智慧城市愿景图。

图 5-1 国脉互联智慧城市愿景图

（2）新的发展理念

随着科学技术越来越成为城市发展的核心动力，以物联网、云计算等技术为核心的智慧城市理念颠覆了之前城市物理基础设施与 IT 信息基础设施截然分开的传统思维，将城市中各类设施有效联系在一起，使得城市管理、生产制造以及个人生活全面实现互联、互通、创新是智慧城市建设的核心动力。智慧城市新的发展理念主要有创新、协调、绿色、开放和共享。

创新思维需要始终贯穿于智慧城市理念塑造、制度确立、技术研发和应用推广的全过程。人是智慧城市建设的主体，要始终坚持以人为本，提高劳动者的综合素质，带动智慧城市创新发展。

协调是智慧城市建设的内在要求，智慧城市规划必须坚持"五位一体"总体布局，走"四化"融合之路，协调好市场与政府、产业与应用、物质与精神、标准与个性各项关系。

绿色是智慧城市建设的重要内涵，绿色是智慧城市永续发展的必要条件，也是人民对美好生活追求的重要体现。以人为本的智慧城市建设必须坚持节约资源和保护环境的基本国策，走可持续发展之路。

开放是智慧城市建设的固有属性，以人为本的智慧城市建设必须向市场、向企业、向群众全面开放，形成包括政府、企业、群众、社会组织在内的多元参与的建设模式。

共享是智慧城市建设的最终目标，建设智慧城市，必须坚持发展为了人民、发展依靠人民、发展成果由人民共享，以群众满意度为智慧城市建设的出发点和落脚点。表 5-1 为五大发展理念在智慧城市建设中的体现。

表 5-1　五大发展理念在智慧城市建设中的体现

规划理念	规划思路	涵盖领域
创新	城市的良好环境和创新体现，使智慧城市充满活力	创新环境、创新要素、创新载体等方面
协调	一体化、协同化的发展思路，不出现短板，使智慧城市协调发展	城乡一体、产城人融合、实体与虚拟空间协同建设等
绿色	绿色发展思路，实现可持续发展	宜居环境、低碳交通、绿色消费、绿色生产等
开放	平台开放、资源集聚、合作共赢的思路，实现智慧城市系统的全面贯通	平台开放、数据开放、社会共治、区域合作等
共享	主要体现在资源共享、成果共享方面，实现智慧城市建设的价值化	数据资源交换共享、公共服务资源共享、智慧成果共享等

3. 智慧城市规划内容

智慧城市建设使原来的物理空间通过数字化、智能化的改造，不断提高虚拟空间的地位，并通过虚拟空间与物理空间的互动融合，充分优化智慧城市空间布局，使智慧城市空间呈现出更加开放、可控、融合的发展趋势，使其成为更具开发价值的新世界。智慧城市规划内容可从宏观和微观两个方面划分。

在宏观层面，我国智慧城市规划应该站在"五位一体"和"新四化"的战略高度，运用云计算、大数据、物联网等新一代信息技术，实施"互联网＋智慧城市"战略，坚持以人为本，实现城市的智慧化运行和管理，使城市的发展更加全面、协调和可持续。

在微观层面智慧城市规划就是对智慧基础设施、智慧治理、智慧民生、智慧产业、智慧人群和智慧环境六部分内容的规划。

5.2　智慧城市规划路径

自 IBM 公司在 2009 年提出"智慧城市"的概念以后，得到了国内外的广泛关注，实践探索很快被付诸行动，由于不同城市的主客观条件的差异，智慧城市的规划思路和建设重点也不同。根据对国内外智慧城市建设经验的总结和对未来发展趋势的研究，智慧城市建设路径可以分为五种主要类型。

1. 智慧城市规划路径类型

（1）创新体系驱动型

创新体系驱动型路径主要强调智慧城市的建设要结合"互联网＋"的经济新形态，利用新兴技术和社会创新融合，构建"以人为本、便捷舒适"的生活环境，让生活的城市更宜居、更繁荣。它主要是基于创新驱动视角下对智慧城市进行的再认识，主要包括四个方面：其一，要学习国际新思想，转变旧观念，用创新的眼光看世界，培育创新大环境。其二，基础硬件的建设要利用好新技术和新工艺，不能设施滞后，重复建设。其三，培养创新观念的民众和管理者。主要是指广大民众必须敢于接受新事物，学习利用新技术，要有开拓创新思维、包容创新过程缺陷的意识；同时管理者需要破除陈旧的管理体制，勇于实践创新的管理方法，使民众生活得更加便捷和更加满意。其四，创新的经济结构。实现节能环保、低碳高效的新经济产业，推动城市经济持续增长。

创新体系驱动型路径智慧城市建设主要特色是以云计算、大数据、物联网等新一代信息技术的应用为基础，以创新体系建设为核心，包括创新体制、智慧网络、智慧民众、创新管理、新经济、便捷服务，并以此作为提高城市创新能力和综合竞争实力的重要途径。该类型的核心是利用信息技术促进城市各个方面的创新发展、优化升级，形成一个智慧化的发展环境和运用模式。图 5-2 所示为创新体系驱动型路径。

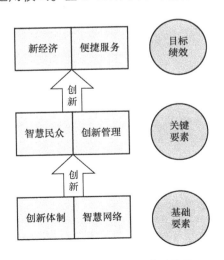

图 5-2　创新体系驱动型路径

基础要素包括"创新体制和智慧网络"，其中创新体制主要体现在顺应世界发展的大环境，紧随时代潮流的变化，紧随国家指导方针。具体体现在国家层面的规划及制度方面的保障和经费方面的支持；智慧网络主要是指信息社会化的基础硬件设施建设，在互联网普及的今天主要是网络设备的普及建设方面等。关键要素包括"智慧民众和创新管理"，其中智慧民众主要是指和谐的人民群众，团结的人心所向，良好的企业文化或社会文化；创新管理主要体现在政府管理者的智慧与思路，涉及具体城市中方方面面的管理方法与策略。目标绩效要素包括"新经济体和便捷服务"，其中新经济体主要建设成新型产业经济体，体现在低碳、绿色、环保的新型企业；便捷服务主要是指让城市能为人的生活提供迅速、灵活、便捷、舒适的服务。以上六个要素都是以"创新"为核心动力来实现智慧城市建设，具体表现为在"互联网+"的经济新形态下，利用新技术和新工具，培育新民众、新管理者，最终实现新经济结构和新生活方式。

典型代表城市为阿联酋的马斯达尔和我国的南京，南京提出将"智慧城市"建设作为转型发展的载体、创新发展的支柱、跨越发展的动力，以智慧城市建设驱动南京的科技创新，加快发展创新型经济，从根本上提高南京的综合竞争实力。

（2）产业驱动型

随着经济全球化及区域经济一体化步伐的加快，产业竞争不断加剧，产业优化升级成为必然趋势，以产业转型升级带动城市整体发展、增强城市综合竞争力已形成广泛共识。2015 年国务院发布的《中国制造 2025》中强调，实行制造业创新中心建设工程、智能制造工程、工业强基工程、绿色制造工程和高端装备创新工程，最终实现我国从制造业大国向制造业强国转变。在国民经济和社会发展"十三五"规划中提出，围绕结构深度调整、振兴实体经济，推进供给侧结构性改革，培育壮大新兴产业，改造提升传统产业，加快构建创新能力强、品质服务优、协作紧密、环境友好的现代产业新体系。因此，抢抓新一代信息技术及新一轮产业发展带来的历史机遇，充分利用智慧城市建设形成的巨大市场空间，积极培育发展智慧产业，加快传统产业的智慧化改造，以产业为驱动，成为一种重要的智慧城市建设路径。

产业驱动型路径是指以新一代信息技术产业为导向，形成以智慧产业链或产业集群为核心推动力的智慧城市发展路径，充分满足人对就业的需求。智慧产业主要包括以新一代信息技术为基础的新兴产业和经智慧化改造后的传统产业，因此，基于产业基础和能力不同，产业驱动型的智慧城市建设路径形成了两种不同的类型，典型代表城市为佛山和深圳。

佛山地处亚太经济发展的交汇处，珠江三角洲的腹地，以陶瓷、纺织、家电、金属等为代表的传统工业比较发达，这些传统产业高消耗、高污染、低价值，在信息革命的冲击下面临着巨大的产业结构转型。在新的条件下，佛山紧紧抓住建设智慧城市的契机，实施"互联网＋"战略，利用信息化促进工业化，改造提升传统工业，重点发展先进制造业，加快发展战略性新兴产业，利用得天独厚的地理资源优势，形成与周围产业紧密联系，产业联动以及功能互补的智慧城市发展模式。

深圳新兴产业发达，创新能力强，智慧城市建设重点发展以新一代信息技术为基础的新兴产业。通过"智慧深圳"建设，培育以高端信息设备制造业、现代信息服务业为主要内容，以技术、标准、方案、服务模式为主要产品的智慧产业，建成国际领先的智慧城市生态系统和辐射全球的智慧产业生态系统，以此拉动深圳智慧型产业发展，促进深圳的全面发展。图 5-3 所示为产业驱动型路径。

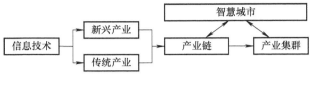

图 5-3 产业驱动型路径

（3）管理服务提升型

智慧城市建设是实现简政放权、优化服务的有力支撑，将通过深化智慧政务领域的应用，加强跨部门、跨层级的互通和协同共享，重点解决群众办事难的问题，通过简化办事流程，优化办事程序，提高服务效能。

管理服务提升型路径强调利用新一代信息技术全面优化提升公共管理服务能力，形成一个通过高效、精准、智能、便民化的运营体系来全面提升人们幸福指数的发展模式，主要包括信息网络的完善、基础设施的智能化转型、公共管理体系和公共服务体系的全面提升等，充分满足人对管理和服务的需求。

它拥有以下几个特点：充分发挥新一代信息技术在管理服务提升过程中的作用，发展智慧政务、智慧交通、智慧城管、智慧安全、智慧教育、智慧社区等；基本公共服务在线化提供，"一网式"解决、"一站式"办理，互联网与政府公共服务体系深度融合，公共数据资源向社会开放，最终形成面向公众的一体化在线公共服务体系；将大数据引入管理，运用大数据的技术和理念，建立用数据说话、用数据决策、用数据管理、用数据创新的城市管理新方式，实现基于数据的科学决策，让公共服务的效能更高，助力城市高效运行。

典型代表城市为重庆和昆明，昆明实施"城市控管指挥中心""政府并联审批""城市节能减排"三大"智慧城市"系统解决方案，重点推进智能交通、智慧医疗、服务型电子政务等方面的建设，从而为城市运营和管理提供更好的指导能力和管控能力，解决城市管理的现实问题。图 5-4 所示为管理服务提升型路径。

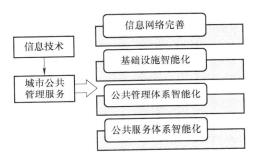

图 5-4　管理服务提升型路径

（4）可持续发展型

当今世界，随着经济的飞速发展，经济发展与资源环境问题的矛盾日益突出，全球气候变暖、两极冰川融化、环境污染全球化趋势逐渐显现，环境问题成为人类社会发展面临的共同问题。城市由物质、能量和信息组成，必须正确处理它们的关系，维护动态平衡；在智慧城市规划、设计、建设和发展过程中需要更加关注和重视城市生态环境保护，重视生态文明建设，转变粗放式经济发展模式。未来，我国智慧城市将不断完善环境能源监测体系、能耗控制体系、污染排放检测体系，积极推进绿色建筑和低碳城市建设，努力构建人与自然和谐相处的社会环境。

智慧城市的最高价值，应该是以人为本，赋予人全面发展，实现人的幸福和文明，主要包括用新一代的信息技术推进城市的绿色发展、循环发展、低碳发展，推进城市发展向人口资源环境相均衡、经济社会生态效益相统一的方向前进，为市民提供宜居、安全、美丽的生活环境，创造平等、均衡、良好的就业机会和创业、创新环境，让人们有更高的素质和更高的幸福指数。

可持续发展型路径是指以环境保护、资源可持续发展为出发点，形成环境资源的智慧管理以及合理、高效、可重复利用，创建可持续发展的环境资源体系与城市发展路径，充分满足人对生态环保的需求。

使用可持续发展型路径的典型代表城市为荷兰的阿姆斯特丹，阿姆斯特丹提出可持续的智慧城市建设计划，旨在建立可持续性生活、可持续性工作、可持续性交通以及可持续性公共空间的城市体系，通过安装和开发可持续和具有经济规模的专案，减少碳排放量。在建立可持续生活方面，阿姆斯特丹是荷兰最大的城市，共有 40 多万户家庭，占据了全国二氧化碳排放量的三分之一。为了改善环境问题，该市启动了两个项目：Geuzenveld 项目和 WestOrange 项目，通过节能智慧化技术，降低二氧化碳排放量和能量消耗。Geuzenveld 项目的主要内容是为超过 700 多户家庭安装智慧电表和能源反馈显示设备，促进居民更关心自家的能源使用情况，学会确立家庭节能方案。在 WestOrange 项目中，500 户家庭将试验性地安装使用一种新型能源管理系统，目的是节省 14% 的能源，同时减少等量的二氧化碳排放。在建立可持续性工作方面，为了让众多的大厦资源得到高效合理的利用，阿姆斯特丹启动了智能大厦项目。智能大厦是在未给大厦的办公和住宿功能带来负面影响的前提下，将能源消耗减小到最低程度，同时在大楼能源使用的具体数据分析的基础上，电力系统更有效地运行。在建立可持续性交通方面，阿姆斯特丹的移动交通工具包括轿车、公共汽车、卡车、游船等，二氧化碳排放量对该市的环境造成了严重的影响，为了有效解决这个问题，该市实施了 Energy Dock 项目，该项目通过在阿姆斯特丹港口的 73 个靠岸电站中配备了 154 个电源接入口，便于游船与货船充电，利用清洁能源发电取代原先污染较大的柴油发动机；在建立可持性公共空间方面，乌特勒支大街是位于阿姆斯特丹市中心的一条具有代表性的街道，狭窄、拥挤的街道两边满是咖啡馆和旅店，平时小型公共汽车和卡车来回穿梭运送货物或者搬运垃圾时，经常造成交通拥堵。2009 年 6 月，该市启动了气候街道项目，气候街道不仅建设了物流管理中心、废物收集、公共灯光的自动调节等各种可持续性发展的街道设备和设施，还能检查、搜集、记录用户的能源消耗情况，提供数据给相关的部门并提出意见处理，大大改善了之前的状况。图 5-5 所示为可持续发展型路径。

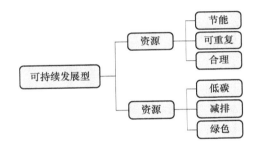

图 5-5　可持续发展型路径

（资源来源：中国城市网. 国外 "智慧城市" 建设及其启示，2015-1-30.）

（5）多目标发展型

智慧城市建设综合考虑产业的智慧化升级、公共管理服务的提升、居民生活的改善以及资源环境的可持续利用等多重目标。其总体思路是以新一代信息技术发展为依托，坚持以智慧应用为导向，以智慧产业发展为基础，以智慧创新为动力，加快推进智慧应用体系建设，它是以上几种智慧城市规划路径的综合。

使用多目标发展型路径典型代表城市为宁波，宁波的智慧城市建设总体思路是充分运用新一代信息技术，加快推进智慧应用体系、智慧产业基地、智慧基础设施和居民信息应用能力建设，强化信息资源整合共享，推动科学发展，促进社会和谐。"智慧宁波"提出四项主要任务：一是构建智慧物流体系、智慧制造体系、智慧贸易体系、智慧能源应用体系、智慧公共服务体系、智慧社会管理体系、智慧交通体系、智慧健康保障体系、智慧安居服务体系和智慧文化服务体系十大产业应用体系；二是建设网络数据基地、软件研发推广产业基地、智慧装备和产品研发与制造基地、智慧服务业示范推广基地、智慧农业示范推广基地和智慧企业总部经济六大智慧产业基地；三是着力构建新一代信息网络基础设施，加快推进"三网融合"，深入推进信息资源开发利用和整合共享，加强信息安全基础建设，推进城市基础设施感知化建设等五大智慧基础设施建设；四是推进智慧城市知识普及化、信息服务均等化和公共场所上网环境三项居民信息应用能力建设。图 5-6 所示为多目标发展型路径。

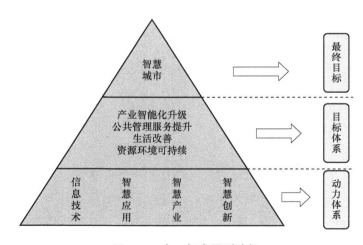

图 5-6　多目标发展型路径

2. 不同规划路径对比分析

智慧城市是建立在新一代信息技术基础之上，并广泛适应城市社会、政治、经济、文化、生态等条件的体系。根据城市建设的不同方面，智慧城市建设的不同路径侧重点和目标是不同的，具体在建设过程中可以体现为融资模式、经营模式、管理客体、建设规模以及建设周期等方面的差异。表 5-2 为不同建设路径的比较分析。

表 5-2　不同建设路径的比较分析

类型	融资模式	经营模式	管理客体	建设周期	代表城市
创新体系驱动型	政府投资	政府自建自营	企业	较小	南京
产业驱动型	政府投资 /BOO	企业经营	企业	一般	佛山、深圳
管理服务提升型	政府投资 /TOT/PPP	服务外包	公共部门	较大	昆明
可持续发展型	BOT/PPP	特许经营	公共部门	较大	阿姆斯特丹
多目标发展型		自建自营、特许经营、服务外包	企业、公共部门	大	宁波

（1）融资模式

从融资模式的角度看，创新体系驱动型路径主要靠政府投资，并对科研机构、企业进行高效有序的管理；产业驱动型路径遵循以政府为导向，地区产业为基础，形成以政府投资，资助企业经营或者建设—经营—拥有（BOO）的发展模式；管理服务提升型路径主要通过移交—运营—移交（TOT）、公共部门与私人企业合作（PPP）等模式进行融资；可持续发展型路径主要通过建设—运营—移交（BOT）、公共部门与私人企业合作（PPP）等模式进行融资；多目标发展型路径，由于目标较多，其融资模式也十分复杂。

（2）经营模式

从经营模式的角度看，创新体系驱动型路径从技术创新的角度，主要以研究所、创新中心、开发公司以及实验社区等模式，进行产品的研发以及技术的革新，主要经营模式以政府筹资投入建设，政府自行引导经营、自建自营为主要模式；产业驱动型路径，由于其以高新技术为依托，产业发展为推动力，其经营模式是以政府为导向、企业经营为主；管理服务提升型和可持续发展型路径主要以人为出发点，提供更精准、高效、便捷、绿色的服务和生活条件，将所需得到的业务移交给更为专业的服务团队、机构进行管理与经营，实现规模效益最优化，故而两者是以服务外包和特许经营为主要经营模式；多目标发展型建设路径因其目标的多样性、综合性、复杂性，导致其经营模式也混合了上述多种经营模式。

（3）管理客体

从管理客体的角度看，智慧城市管理客体主要分为两类，分别是企业和公共管理部门。创新体系驱动型与产业驱动型路径的管理客体主要是企业，通过对企业的高效、有序管理，实现城市智慧化发展；管理服务提升型、可持续发展型路径的管理客体主要是公共管理部门，通过对公共管理部门的有效管理，提升城市的服务能力以及可持续发展能力；多目标发展型路径则综合上述两种客体种类。

（4）建设规模

从建设规模的角度看，不同路径突出的重点不同，建设规模有差异。创新体系驱动型发展路径主要集中于高新技术的研发，以研究所、创新中心等形式出现，辐射范围相对集中，建设规模相对较小；产业驱动型发展路径主要满足高新技术产业发展，集中在一定区域，以城市高新技术产业区等形式，规模相对适中；管理服务提升型与可持续发展型路径，辐射整个城市公民活动范围，故而建设规模相对较大；多目标发展型路径由于目标较多，相对复杂，所以规模最大。

（5）建设周期

从建设周期的角度看，其受到建设规模以及建设、技术难易程度的影响。创新体系驱动型路径主要以创新技术为支撑，其建设周期要依赖于技术、实验的难易程度与研发周期等因素，故而相对适中；产业驱动型发展路径主要经历产业链的建立、产业集群的形成与发展，其过程相对复杂，建设周期相对较长；管理服务提升型路径，旨在服务城市公共群体，集中在公共设施及服务能力的提升上，建设周期适中；可持续发展型和多目标发展型路径，由于发展目标定位在城市长期发展，需要多方协调可持续发展，因而建设周期长。

5.3　智慧城市建设内容

1. 宏观的智慧城市建设

智慧城市的目标定位应站在"五位一体"和"新四化"建设的战略高度，以城市发展中涉及的重点问题作为突破口，运用先进的信息和通信技术，实现城市的智慧化运行和管理，使人们生活更加舒适，城市的发展更加全面、协调和可持续。"互联网+智慧城市"，通过互联网与城市各行各业的结合，解决城市在发展过程中的问题，实现"以人为本"。

（1）"五位一体"的智慧城市规划

党的十八大报告中提出："建设中国特色社会主义，总布局是经济建设、政治建设、文化建设、社会建设、生态文明建设五位一体。"智慧城市作为实现社会主义现代化和中华民族伟大复兴的重要途径和载体，在规划设计中必须坚持"五位一体"的总布局。

改善民生服务，推进社会文化领域的资源整合和信息共享，推进城乡基本公共服务均等化，最大限度地满足城市居民的物质文化生活需求。

提高政府效能，提高政府决策科学化，实现公共事务处理和公共资源分配的开放透明，推进整个城市互动化、精细化、人性化的治理。

促进经济转型，优化产业结构，实现经济转型发展，实现更多依赖于信息和知识等无形资源驱动和创新驱动的发展转型。

改善生态环境，提高生态环境的智能监测和综合治理水平，推动绿色发展、循环发展、低碳发展。

（2）智慧城市与"新四化"

党的十八大报告中提出："坚持走中国特色新型工业化、信息化、城镇化、农业现代化道路，推动信息化和工业化深度融合、工业化和城镇化良性互动、城镇化和农业现代化相互协调，促进工业化、信息化、城镇化、农业现代化同步发展。"新型工业化促进智慧城市建设。所谓新型工业化，指科技含量高、经济效益好、资源消耗低、环境污染少、人力资源得到充分发挥的工业化。以人为本的智慧城市建设必须走新型工业化道路，一方面，新型工业化可以为智慧城市的发展提供技术、资金、人才支撑，另一方面，新型工业化对生态环境的重视，有利于为城市居民创造良好的人居环境。

智慧城市与信息化协调互动。一方面，我国工业发展速度快，但是工业化率不高，在技术创新和产业升级方面与西方工业化发达国家差距较大。建设智慧城市，发展智慧产业，要依靠信息化提高城市传统工业效率，实施"互联网＋"战略，利用信息通信技术以及互联网平台，让互联网与传统行业进行深度融合，创造新的发展生态；另一方面，要充分布局云计算、大数据、物联网等新一代信息技术，实现信息技术在智慧城市规划和建设、管理和运行、生产和生活等各方面的嵌入、渗透和应用，提升城市智能化水平。

智慧城市是传统城市化的升级。以人为本的智慧城市必须能够容纳日益参与城市工业化的农业转移人口，让农民工变成市民，实现人的城市化，走产城融合之路。

智慧城市建设不能忽视农业现代化。农业现代化是整个经济社会发展的根本基础和重要支撑，没有农业的现代化，就没有城市的智慧化。一方面要把好耕地红线、打牢农业基础、确保粮食安全；另一方面，要利用云计算、大数据、物联网等新一代信息技术发展智慧农业，通过感知化、互联化、智能化的方式，使农业生产、加工、流通更智能，满足人们对农产品质量和品位的需求。

（3）"互联网+智慧城市"

信息社会下，"互联网+智慧城市"的核心是构筑"创新、包容、开放、透明""市民为本"的城市，借助于互联网思维，开放包容的网络，开放的数据基础设施，在线化、数据化的方式以及一体化的管理结构，激发市民的普遍参与、创造优化来建设和运行城市，形成城市管理者、设计者、建设者、维护者、市民共同创建、运营、改进的"多中心、协同化"的城市生态。

智慧城市作为推动城市化发展、解决大城市病及城市群合理建设的新型城市形态，"互联网+"是解决资源分配不合理、重新构造城市机构、推动公共服务均等化等问题的利器。例如，在推动教育、医疗等公共服务均等化方面，基于互联网思维，搭建开放、互动、参与、融合的公共新型服务平台，通过互联网与教育、医疗、交通等领域的融合，推动传统行业的升级与转型，从而实现资源的统一协调与共享。从另外一个角度来说，智慧城市为互联网与行业产业的融合发展提供了应用土壤，一方面推动了传统行业升级转型，在遭遇资源瓶颈的形势下，为传统产业行业通过互联网思维及技术突破推进产业转型、优化产业结构提供了新的空间；另一方面能够进一步推动移动互联网、云计算、大数据、物联网等新一代信息技术为核心的信息产业发展，为以互联网为代表的新一代信息技术与产业的结合与发展带来了机遇和挑战，并催生了跨领域、融合性的新兴产业形态。同时，智慧城市的建设注重以人为本、市民参与、社会协同的开放创新空间的塑造以及公共价值与独特价值的创造，而"开放、透明、互动、参与、融合"的互联网思维为公众提供了微信、微博、APP 等多种工具和方法实现用户的参与，实现公众智慧的汇聚，为不断推动用户创新、开放创新、大众创新、协同创新，以人为本实现经济、社会、环境的可持续发展奠定了基础。此外，伴随新一代信息技术及创新 2.0 推动的创新生态所带来的创客浪潮，互联网浪潮推动的资源平台化所带来的便利以及智慧城市的智慧家居、智慧生活、智慧交通等领域所带来的创新空间进一步激发了有志人士创业、创新的热情。也正因如此，"互联网+"是融入智慧城市基因的创新 2.0 时代的智慧城市基本特征。

2. 微观的智慧城市建设

智慧城市建设包括智慧基础设施、智慧治理、智慧民生、智慧产业、智慧人群和智慧环境六部分内容，涵盖智慧城市的各个方面，这是一个系统的、生态的发展体系，如同一个智慧的人一样，具有感知、行动、思考能力及鲜明的个性特征。智慧基础设施如同人的双脚和腿一样，是智慧城市发展的基础；智慧治理和智慧民生如同人的双手一样，是智慧城市运营的关键，一手抓管理、一手抓服务，两只手要协调发展；智慧产业如同人的躯干一样，是支撑智慧城市持续发展的重要力量；智慧人群是智慧城市运营的主体，是智慧城市健康发展的指挥中枢，如同人的大脑一样；智慧环境是如同人的生存环境一样，是智慧城市发展的基本。图 5-7 为智慧城市建设内容关系图。

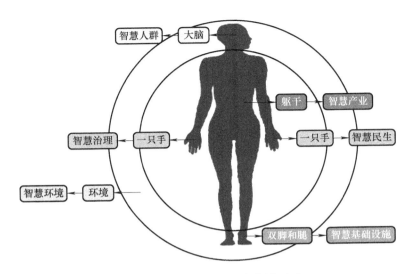

图 5-7　智慧城市建设内容关系图

（1）智慧基础设施

智慧基础设施包括新一代信息网络设施、公共服务平台及经过智能化转型的城市基础设施，其中信息网络设施包括宽带网络、下一代通信网、物联网与"三网融合"等；公共服务平台包括云计算中心、信息安全服务平台及政府数据中心等；城市基础设施的智能化转型是城市发展的趋势与客观需要，包括水、电、气、热管网，以及道路、桥梁、车站、机场等设施的感知化与智能化建设，从而形成高度一体化、智能化的新型城市基础设施，为智慧城市建设打下良好的基础。

根据智慧城市建设特征，智慧城市的技术架构可分为感知层、网络层和应用层，这三层相互联系、递进支撑，共同构成了智慧的技术架构体系，为智慧城市建设提供了技术支撑和安全保障，是智慧城市建设的基础，因而，构建智慧城市的技术架构，需要从这三个方面着手。

1）利用传感设备和技术，建立智慧城市"感知层"。感知层是智慧城市技术架构体系的首要环节，为智慧城市的运行提供信息采集、处理等基础功能，其建设水平直接决定智慧城市建设的成败。智慧城市的"感知层"体系，主要是通过利用 RFID、传感器、摄像头、二维条码、遥测遥感等传感设备和技术，来实现对城市中人与物的全面感知。感知层是人的感知延伸，相当于人的皮肤与五官，它扩大了人的感知范围、增强了人的感知能力，极大地提高了城市管理者对外部世界的了解程度。

智慧城市的感知层体系，包括感知对象、感知方式、感知技术和感知网络。感知对象包括城市居民个体及各种相关群体，以及各种有形的无形的城市组成部件，其中城市组成部件主要有：城市基础设施、各类城市实体建筑、基础服务体系、城市资源与环境等。感知方式主要有身份感知、位置感知、多媒体感知、状态感知等；感知技术主要有 RFID、传感器技术及条形码技术等；感知网络主要有传感网、家庭网、无线个域网、车联网等。

2）利用通信网络、互联网等技术，建立智慧城市"网络层"。智慧城市"网络层"的构建，是指基于现有的通信网络和互联网设施及条件，综合多种通信技术，实现有线与无线结合、宽带与窄带结合、感知网与通信网结合的集合。网络层是智慧城市技术架构的中间环节，是架设在感知层与应用层之间的桥梁，犹如人体的血液一样，主要负责信息的传输。按照智慧城市的特征与发展目标，网络层具有泛在化的能力，不仅构建无处不在的网络，而且为智慧城市的运营主体提供随时随地的服务。智慧城市网络层的任务是将感知层采集到的信息，通过传感器网、通信网、互联网等各种网络进行汇总、传输，从而将大范围内的信息加以整合，以备处理。

网络层的组成部分有电信网、互联网、广播电视网（三网合一）、M2M、异构网、行业专网、下一代承载网等，其建设涉及的技术体系主要有网络支撑技术、无线传输技术、自组织通信技术、IP 承载技术、IPv6 技术、无线宽带接入技术、有线宽带接入技术、三网融合技术、物联网技术等。

3）利用数据挖掘、处理等技术，建立智慧城市"应用层"。应用层是智慧城市建设与运营的核心，主要进行数据处理、信息集成、服务发现及服务呈现等，为智慧城市的发展运营（包括公共服务体系、公共管理体系、智慧产业体系与支撑保障体系）提供最直接的服务。因此，构建智慧城市技术架构的一个重要组成部分就是构建对城市运行数据进行挖掘和处理的"应用层"。应用层体系主要由云计算、海量处理、数据挖掘、分布式数据处理、信息管理等组成，数据层主要任务是对数据进行存储和处理。

（2）智慧治理

1）智慧政务。传统政务存在一系列问题：信息孤岛，政府网站缺乏更实质性的有效服务社会的应用，信息更新速度慢，各部门之间数据共享难；管理困难，管理难以与组织内部工作流程有机结合，无法形成主导的、动态的应用模式；缺乏规范性和统一规划，功能不健全，缺乏交互性，建设和管理不规范；安全威胁，在向民众和社会开放的同时，面临着黑客攻击和非法入侵的威胁，信息安全难以保证。

智慧政务是指政府机构运用现代网络通信、计算机技术、物联网技术等，将政府管理和服务职能通过资源的整合优化，实现公共管理高效精准、公共服务便捷惠民、社会综合效益显著的一种政务运营模式。智慧政务的核心是资源整合、信息共享，关键是体制机制的创新，通过信息技术的广泛应用及管理服务理念的发展，不断提高政府服务的智慧化水平，为智慧城市的健康发展提供支撑。

智慧政务是以给企业提供优质的发展空间、为市民提供更高的生活品质为目的，根据智慧政务功能、内涵以及未来要实现的目标，可以充分借助于互联网、物联网、云计算等信息技术，通过感知、整合、分析及智能化响应等方式，真正实现政府各部门的信息共享及业务协同，为社会各机构及公众等提供高效、便捷的服务。

第一，做好统筹全局的战略设计。以公众对服务的满意度为落脚点，做民众所需，想民众所想，加强服务内容建设和服务方式发展，变"政府向你"到"政府与你"，在服务中加强政府公信力、影响力。

第二，打造全方位业务融合层。整合各政务服务资源和各部门业务系统，促进政务信息数据的无缝集成和交换，推进信息深度挖掘和数据智能应用，同时按照"全生命周期服务"理念，对行政业务运作流程进行改革和重组。

第三，建立多角度保障支撑层。实施统一入口、统一出口、统一标准、统一调度、统一监督，完善优化审批流程、网上服务、内部管理标准化，加强对用户访问身份感知、服务需求感知、访问行为感知，强化以政府网站为主体，"三微一端"为支撑的一体多翼品牌集群。

2）智慧交通。智慧交通是以云计算、大数据、物联网等信息技术为基础，通过感知化、互联化、智能化的方式，形成以交通信息网络完善、运输装备智能、运输效率和服务水平高为主要特征的现代交通发展新模式。智慧交通的核心是通过信息资源的自动整合与智能共享，具有高度的分析与预测能力，实现交通运输的便捷、安全、经济、高效，为城市运营及经济发展提供支撑。从本质上看，智慧交通是充分利用信息技术，通过人、运输装备与交通网络之间相互感知、智能互动，达到一种完全自动、合理、高效的交通管理服务状态，实现交通运输效率最高、交通资源效益最大化。

开发智慧交通综合 APP。整合出租车、公交车、地铁以及未来公共自行车等运行信息，市民通过 APP 可以获知它们的运行信息。同时，开发智慧停车和交通诱导等信息化平台，通过手机 APP、交通诱导屏等方式，为公众出行、停车等便利提供服务。

发展车联网技术。车联网就是汽车移动物联网，利用车载电子传感装置，通过移动通信技术、汽车导航系统、智能终端设备与信息网络平台，使车与路、车与车、车与人、车与城市之间实时联网，实现信息互联互通，从而对车、人、物、路、位置等进行有效的智能监控、调度、管理的网络系统。

3）智慧城管。智慧城管是指运用互联网、物联网等信息技术，通过资源整合、手段创新、功能拓展，建立健全城管应用体系，构建以基础服务、数据交换、GIS 共享服务、统一 GPS 监管、统一视频监控为应用支撑，以数字城管、应急指挥、队伍管理、网上办案、决策辅助、行业监管为主要功能的城市管理新模式。智慧城管的核心是资源共享、精准管控，它符合城市化发展对公共管理的要求，对提升整个城市的综合管理水平具有重要意义。智慧城管是智慧城市建设的重要内容，对推进城市精细化与科学化管理，降低城市管理、运营成本，提高政府部门办事效率，以及加速构建和谐社会起到重要作用。

根据智慧城市体系化的管理思路，智慧城管应充分利用现有的电子政务网络平台、城市地理信息平台等，整合公安、交警、市政、工商等各方面资源，实现信息共享，形成集城市管理、应急指挥、市民服务和行政效能电子监察等功能为一体的智慧大城管新格局。

4）智慧安全。智慧安全是以互联网、物联网为基础，通过城市安全信息的全面感知、各子系统间协同运作、资源共享，建立统一的公共安全系统及应急处理机制，实现对公共安全的应急联动、统一调度、统一指挥，达到对公共安全的智慧化管理，创造一个良好的安全环境。智慧安全的核心是通过信息的整合、加工处理，实现有效的预测、预警，并通过资源整合与联动，实现高效、智能化的应急处理。

智慧安全主要包括社会治安管理、生产安全管理及自然灾害安全管理等，涉及基础设施、通信、环境、商品供应、社会治安、灾害防控等社会各个领域的安全管理。智慧安全系统采用先进的理念和技术手段，通过建立高效、协同的城市公共安全管理体系，加强城市安全共享，优化配置城市公共安全资源，从而提高安全防控及应急处置能力。

（3）智慧民生

1）智慧健康保障。智慧健康保障是指以互联网、物联网等信息技术为基础，通过感知化、互联化、智能化的方式，形成健康信息健全完善、医疗资源充分共享、医疗流程科学高效、服务手段高端智能的健康保障新模式。智慧健康保障以提高人们的健康水平为目标，其基础是形成以市民健康档案为核心的一体化服务，其关键是健康保障信息的共享及医疗资源的整合，提高健康医疗服务水平和效率，其核心是增强人们的健康保障理念，形成人性化、智慧化的健康保障模式。

智慧健康保障通过建设以居民健康档案公共平台为核心的健康医疗综合应用体系，不断完善医疗卫生数据（灾备）中心、医疗卫生基础数据库与管理系统及软件基础平台等，提高医疗卫生资源的利用效率，改善和加强医疗卫生服务的综合能力及智慧化水平。智慧健康保障体系的建立将满足人们对健康保健不断增长的需求，也对促进智慧城市建设及经济社会快速发展产生积极作用。

2）智慧教育文化。智慧教育文化是指以互联网、物联网、云计算等信息技术为基础，通过感知化、互联化、智能化的方式，实现以信息资源充分共享、智慧整合、模式开放协作作为特征的教育文化新形态。智慧教育文化的核心是全面深入地利用信息技术，开发利用教育资源，促进技术创新、知识创新和创新成果共享，提高教育教学质量和效益，构建全面的教育文化体系。智慧教育文化的特点是数字化、网络化、智能化和多媒体化，数字化使得教育信息技术系统的设备简单、性能可靠和标准统一；网络化使得信息资源可共享、活动时空限制少、人际合作易实现；智能化使得系统能够做到教学行为人性化、人机通信自然化、繁杂任务代理化；多媒体化使得信媒设备一体化、信息表征多元化、复杂现象虚拟化。

　　智慧教育文化是利用先进的信息技术，通过构建一个完善、高效的现代教育文化平台，创造一个智慧、良好的教育文化环境，从而全面促进教育资源的进一步整合及共享，加强学校、学生与家长之间的互动等，实现数字化教育到虚拟化、智慧化教育的大转变，为推动我国教育水平跨越式发展、加快构建学习型社会及终身教育体系打下坚实基础。目前，智慧教育文化体系主要包括智慧校园、智慧学习平台、智慧图书馆等内容。

　　3）智慧社会保障。智慧社会保障是指以互联网、物联网等信息技术为基础，通过感知化、互联化、智能化的方式，对社保资源与社保用户进行系统化的集约整合，形成规范统一、信息健全完善、资源合理分配的智慧化社会保障体系。建立智慧社会保障的目的是通过信息化、智能化手段提高社会保障服务的执行效率与服务效果，确保社会保障机制按照相关法律法规严格执行，保证社会保障制度能确实落实到每个需要帮助的公民身上。

　　智慧社会保障的智慧化主要体现在：智能地对社保执行情况进行科学评估与管理，为各级政府决策提供可靠、真实、及时和准确的数据；建立智能化社会保障公共服务平台，为社保管理服务部门提供高效便捷的执行手段与智能信息系统支持，以及为公众提供快捷的信息咨询服务，提高劳动和社会保障能力等。

　　4）智慧社区服务。智慧社区服务是指以互联网、物联网等信息技术为基础，感知化、网络化、智能化为手段，为社区生活提供全方位、多元化服务，确保社区生活环境舒适、便捷、低碳与安全的智能化社区服务体系。智慧社区服务体系充分对社区基础设施及与生活发展相关的各方面内容进行全方位的信息化处理和利用，建立数字化、网络化的信息平台，对社区资源、设施、生态、环境、服务及安全监控等复杂系统进行智能化管理、服务和决策。

智慧社区服务的根本任务是通过对物联网相关软硬件设备与智慧城市基础设施的利用实现社区管理和社区服务的信息化与智能化，保证社区服务资源与社区住户有机对接、合理分配，实现社区服务提供者、管理者与社区住户的互动沟通，构建社区健康与可持续发展的智慧环境，形成基于海量信息和智能过滤处理的社区生活与管理等模式，打造面向未来的全新社区形态。

（4）智慧产业

智慧产业指充分利用信息技术、发挥人的创造力和智慧发展起来的新兴产业，是先进的信息技术与人的创造性的有效结合。智慧产业主要分成两大类：第一类是由新一代信息技术，尤其是物联网技术快速发展而催生的新兴智慧产业，包括以传感器产业、RFID产业、物联网基础支撑产业为代表的物联网制造业以及以云计算服务、物联网网络服务为代表的物联网服务业等；第二类是现代产业体系的延伸，大部分是在传统产业的基础上发展起来的，并进一步优化了现代城市产业机构的传统产业智慧化新形态，代表性智慧产业有智慧物流、智慧家居、智慧农业等。

智慧产业是智慧城市建设的关键，也是体现城市"智慧"的重要标准，智慧化的因素主要反映在通过新一代信息技术的应用而使城市在投入产出比、资源消耗率、两化融合度等方面出现的积极变化。

1）新兴智慧产业：

①云计算产业。智慧城市建设给包括与云计算应用关联紧密的电子信息设备、产品与软件的销售和租赁业务，云计算数据中心集成与

运维、云计算数据中心带宽服务，以及 IaaS、PaaS、SaaS 等云计算服务在内的诸多产业带来较大的发展机会。

加大云计算软件应用的开发。我国很多城市在发展云计算时最常见的方式就是建设云计算数据中心，这就使得与云计算有关的服务器和存储成为目前阶段云计算产业投资的重点，然而很多城市在投入了巨额资金建设起云计算中心后，却发现缺乏有价值的实际应用，从而造成了云计算产业目前发展的空中楼阁。智慧城市建设在拥有大量云计算硬件资源的基础上，必须注重云计算软件应用的开发，找到实现云计算核心价值的有效途径，帮助企业通过云计算大幅降低成本，帮助居民生活更便利。

加快制定云计算产业标准和准入制度。当前我国云计算产业尚未形成一套共同遵循的技术标准和运营标准，具体表现在数据接口数据迁移、数据交换、测试评价等技术方面，以及 SLA、云计算治理和审计、运维规范、计费标准等运营方面，都缺少一套公认的执行规范，不利于用户的统一认知和云服务的规模化推广。此外，云安全和云计算配套法规方面也比较滞后，特别是一些知名公有云频繁出现的安全事件。随着公有云的普及，会有更多的问题暴露出来，政府应该不断完善云计算的准入制度和配套法规。

提高云计算创新应用水平。在云时代，IT 产业发展模式和竞争格局在于重构，云计算应用面临的迫切问题便是如何构建起适应云时代的服务模式，并形成独特的商业发展模式。目前，国内具备一定资本实力的从业企业已经发力资源平台，以奠定其未来在云服务链条的核心地位，但资源平台无法直接对最终用户服务，因此其必须对应用的接入、资源供给提供充分的自由度和弹性，降低应用向云服务迁移、部署门槛，通过聚集应用实现云资源的规模化输出，利用资源优势促进应用服务云平台的产生。

解决数据安全问题。虽然云计算为存储数据提供了无限的空间，也为数据的处理提供了无限的计算能力，但是用户对于托管自己加密数据的云计算运营公司能否确保数据的安全还存在质疑。而且在使用云计算服务时，用户往往不清楚自己数据存放的位置，这样就会导致用户对数据安全的担心。云计算架构于互联网之上，传统安全问题依然存在，如病毒、木马的入侵、隐私信息的泄露等，新的安全问题也将浮出水面。另外，身份认证、授权与访问控制、责任认定、安全与隐私等技术问题也都还处于探索阶段。数据主权和数据安全问题，包括数据存储、传输安全、数据隐私、数据主权、身份认证等用户非常关心的问题，是阻碍当前云计算应用的关键障碍。

②物联网产业。物联网是指通过各种信息传感设备，实时采集任何需要监控、连接、互动的物体或过程等各种需要的信息，与互联网结合形成的一个巨大网络。物联网产业分为物联网制造业和物联网服务业两大部分，其中物联网制造业是物联网产业的基础产业，涉及对物联网产业相关各种软硬件设备与基础设施的研制与应用，主要包括传感器产业、仪器仪表与测量控制产业、物联网基础支撑产业、高性能计算机制造业、物联网相关通信终端、嵌入式系统与设备制造业等。物联网服务业主要包括物联网应用基础设施服务业、物联网网络服务业、物联网软件开发与应用集成服务业等。

城市政府要积极发挥在物联网发展过程中的引导和推动作用。加大在财税、金融、人才、土地等方面的政策扶持力度，对物联网应用示范工程、核心技术开发、系统集成、信息服务平台建设、标准制定等物联网产业链发展的关键环节进行重点支持，为拥有技术储备、行业用户、相关产品、解决方案的物联网厂商企业成长创造良好的融资环境；重点建设传感网在公众服务与重点行业的典型应用示范工程，确立以应用带动产业的发展模式，消除制约传感网规模发展的瓶颈。

加快物联网产业园区建设。汇聚各类优势资源，促进研发与生产互动，加快形成生产要素配套、产业协作便捷的产业空间布局，重点加强物联网在商贸物流园区中的应用。在商贸物流园区内部为商贸及物流企业运作提供各种资源要素的整合与衔接，从商品交易、仓储、运输、加工、配送等物流业务，到园区自身基础设施管理、服务等，并在商贸物流园区与社会之间搭建信息平台。

制定物联网发展规划。重点发展物联网终端和设备及软件和信息服务，包括高端传感器、MEMS、智能传感器和传感器网节点、传感器网关以及超高频 RFID、有源 RFID 和 RFID 中间件产业等。突破物联网关键核心技术，实现科技创新；并结合物联网特点，在突破关键共性技术时，研发和推广应用技术，加强物联网技术解决方案的研发和公共服务平台建设，以应用技术为支撑突破应用创新。

引进与培养物联网产业发展的急需人才。随着物联网产业规模的扩大，人才的缺乏会逐渐成为产业发展的瓶颈。在物联网行业快速发展的过程中，需要对各类技术进行不断升级，少量的人才并不能满足物联网全行业的发展所需。如果人才培养最终没有跟上物联网行业的发展，很可能在物联网最为繁荣之时，面临人才断代的局面。

2）传统产业智慧化改造：

①第一产业智慧化改造。智慧农业是指充分利用互联网、物联网等信息技术，通过感知化、互联化、智能化的方式，使生产、加工方式更智能，流通与销售更便捷，农产品更绿色且更有价值的农业发展新模式。智慧农业的发展将按照农业现代化标准，坚持以市场需求为导向，以农民增收为核心，以现代信息技术、智能生产技术为支撑，积极引导农户、农民经济合作组织、农业企业、金融机构，大力推动农业发展，使农业系统的运转更加有效，不断提高农产品的竞争力及价值，实现农业增效、农民增收的产业发展目标。

发展智慧农业需要借助信息化手段,提高农业生产管理的信息化水平,采取提升、培育和引进等措施,发展一批智慧农业企业,建设一批智慧农业示范基地,进而带动农业经济的整体发展,推进现代农业转型升级和构筑农业产业新格局。

运用 RFID 技术、无线传感器、遥感、GIS 等物联网技术改造生产、加工、储藏、运输、营销等环节,推广应用农业信息化管理系统和农业专家咨询系统,提升测土配方施肥、病虫害预测预报、农田气象服务、海产品养殖、产品追溯管理等重要环节的效能,提高农业生产的可控性,实现节本增效。

通过智慧农业和智慧生态保护示范推广基地建设,逐步带动农业生产水平的整体提升。在示范推广基地,主要是利用传感器、互联网等技术,实时监测温度、湿度、光照、二氧化碳、土壤微量元素等参数,以短距离无线通信技术进行数据传输,自动进行通风、滴灌、控温、补光等操作,实现农业生产的精准化和智能化,提高农产品附加值。

建立农产品可追溯系统,加强对农产品加工企业和批发市场等关键环节质量安全检测的数字化管理,大力推广连锁经营、电子商务、订单农业等现代农业生产经营方式,提升智慧农业发展水平。

围绕智慧农业生产设备的研发、生产与制造等,积极推广并培育系统集成、传感器和控制设备产业,实现精准农业技术和农业装备技术的国产化;积极发展节水灌溉设备、食品安全设备、农副产品深加工设备、食品饮料加工设备、农业生物资源化设备等的研制,培育发展一批有竞争力的智慧农业设备制造企业,不断完善智慧农业体系。

②第二产业智慧化改造。

在研发设计环节,根据不同行业的实际情况,可以通过建设网络化的协同设计和虚拟制造平台,完善异地设计、敏捷化设计制造、虚拟装配等网络化协同设计系统,实现设备资源和知识资源的整合共享,实现研发设计的数字化、虚拟化。

在生产制造环节，通过智能制造系统、智能制造技术、物联网技术等融合应用与发展，使生产制造可以自动识别、判读、反馈及人机交互等，达到可以完全"感知、决策、执行"的生产制造状态，同时通过自主创新与技术研发、流程改造等，促进产业内部升级，提升节能减排效果，提高劳动生产率和产品附加值，从而全面实现生产制造环节的自动化、智能化与绿色化。

在生产管理环节，要充分利用信息技术与智能制造技术，通过信息化、网络化、智能化的方式，达到信息充分共享、资源整合及业务协同，实现对人、财、物的实时、高效、动态管理，不断降低管理成本、提高综合效益。

在营销服务环节，根据第二产业产品的复杂性、职能部门之间的相互依赖性、买卖双方的相互依赖性、购买程序的复杂性等特点，要加强营销理念的创新及信息技术的应用，积极拓展信息化营销、文化营销、服务营销、技术营销、关系营销等方法与模式，并通过建立第三方电子商务平台，加强网络营销，不断完善市场营销手段，提高售后服务水平。

③第三产业智慧化改造。

首先，要加大信息技术的应用，从多个方面提高现代服务业的效率，积极运用现代经营方式、服务技术和管理手段改造和提高传统服务业，同时还要以生产性服务业为突破口来促进现代服务业的快速发展，努力提升第一、二产业的竞争力，促进经济持续发展。其次，通过推进体制机制创新，调整现代服务业所有制结构，鼓励市场竞争；坚持市场化、规范化、品牌化发展方向，营造公平、公正、公开竞争的产业发展环境，促进各类服务的协同发展，并加快技术创新和人才培养，提升现代服务业整体水平。

a. 智慧物流。通过互联网、物联网、大数据在物流业发展中的应用，建设先进的智慧物流基础设施；根据区位交通优势及自身发展需要，发展特色物流服务；根据城市科研优势及配套企业资源等，重点培育发展新一代宽带移动通信装备、视频识别等信息传感设备、智能交通和智能电网装备等智慧物流装备；加强物流金融服务创新，拓宽融资渠道，建立完善的物流金融服务体系，提升物流金融服务供给能力，为物流业发展提供有力支撑。

b. 智慧旅游。应用信息技术，构建智慧旅游服务体系，为游客提供餐饮娱乐消费导引、远程资源预定、自导航、自导游、电子门票、服务信息即时推送等智慧旅游信息服务；建设区域旅游业经营管理平台，为旅游企业提供服务资源管理、游客流量控制、车辆调度、远程监控、自动收费等智慧经营管理服务，为管理部门提供环境监测、交通管理、资源调度、应急处理等政务管理服务；提升旅游配套服务水平，提升旅游景点自身，周围旅行社、饭店、宾馆等信息化建设水平，实现旅游配套设施信息的感知化、网络化水平和服务质量的提升。

c. 智慧金融。全面加强金融信息基础设施建设，推动云计算、移动互联网、高速宽带等新兴技术在金融行业的应用，充分利用云计算、物联网等现代信息技术，为金融机构提供安全可靠的传输通道；发展公共金融数据中心，具备从广泛来源中获取、量度、建模、处理、分析大量结构化和非结构化数据的能力，基于统一集成的互联平台实现流程、服务、系统间共享数据；建设金融产品数据库，实现智慧金融，需要通过对数据的智能分析以用于业务决策支持，高效地应用洞察力以回应客户与市场环境的细微变化，随时随地通过便捷的渠道提供个性化金融产品与服务。建立稳定、快速、安全的现代信息网络，优化网络结构，提高网络性能，满足不断变化的市场环境和快速发展的金融市场的需要，满足拓展网络增值服务的潜在需求。在完善金融业务内网和外网系统建设的同时，加强网络的容灾备份、带宽扩容的建设，加强跨行业、跨部门的网间互联建设，使网络建设能够适应金融服务和国家监管等多方面的业务发展需求；加快复合型智慧金融人才的培养，复合型的智慧金融人才应具备信息技术和金融业务的双重能力，并具备实践中解决实际问题的能力。智慧金融的人才培养应当围绕城市的战略部署，以金融机构、金融企业的市场需求为指导，注重信息管理技术与金融理论、实务的交叉融合，通过构建人才的创新培养体系，优化和完善教学内容和实践教学体系，建立和完善实验实训平台等，培养具有较强信息思维能力和解决金融业务实际问题能力的复合型人才。

（5）智慧人群

智慧城市是"智""慧"协同发展的结果，要更突出人的因素、人文的因素，事实上，只有人才有智慧，而物只有智能，也只有人的参与才能真正体现城市的智慧，这也是智慧城市区别于智能城市与数字城市的最主要特征。智慧人群是智慧城市建设发展的核心所在，其不仅是智慧城市建设的决策者、执行者，更是智慧城市建设成果的享用者，要充分开发、利用各类信息资源，不断提高人们的创造力，实现人的全面发展，达到建设智慧城市的目的。

1）信息素养。在知识大爆炸的信息时代，如何利用网络从海量的信息中挖掘出对自己有用的信息，将其应用到实际生活、学习、工作和交往中，并会对信息进行处理、评价，已成为当代社会居民所要具备的一种基本能力，这种能力就是信息素养。信息素养已经成为信息时代每一位社会公民在社会立足、生存的必要条件，也是构建终身学习、自主学习体系的必备要素。建设智慧城市，必须培养社会居民的信息素养。

首先，完善城市信息基础设施，包括宽带网络、下一代通信网、物联网与"三网融合"、云计算中心、信息安全服务平台及政府数据中心等，为培养居民的信息素养创造有利的外部条件；其次，注重增强居民的信息意识，信息意识决定着一个人的信息利用水平。通过向居民广泛普及教育信息、人才市场信息、市场经济信息等实用性信息，满足居民对信息的需求，同时，通过信息使用的经典案例，使他们认识到信息对人生、事业、家庭的价值；最后，把信息素养教育融入学校教育、社区教育和网络教育中，重点开展信息检索能力和多渠道获取信息资源能力的培养。

2）创新创业能力。构建有利于"大众创业、万众创新"的社会环境。第一，创新体制机制，实现创业便利化。完善公平竞争的市场环境，增加公共产品和公共服务供给，依法反垄断和反不正当竞争，为创业者提供更多机会；深化商事制度改革，加快实施工商营业执照、组织机构代码证、税务登记证"三证合一""一照一码"，落实"先照后证"改革；加强创业知识产权保护；健全创业人才培养与流动机制，把创业精神培育和创业素质教育纳入城市国民教育体系，实现全社会创业教育和培训制度化、体系化。第二，优化财税政策，强化创业扶持。加大财政资金对小微企业和创新创业的支持力度；落实扶持小微企业发展的各项税收优惠政策；加大政府创新产品和服务的采购力度，把政府采购与支持创业发展紧密结合起来。第三，搞活金融市场，实现便捷融资。支持符合条件的创业企业上市或发行票据融资，并鼓励创业企业通过债券市场筹集资金；鼓励银行业金融机构向创业企业提供结算、融资、理财、咨询等一站式系统化的金融服务；支持互联网金融发展，引导和鼓励众筹融资平台规范发展。第四，发展创业服务，构建创业生态。大力发展创新工场、车库咖啡等新型孵化器，做大做强众创空间，完善创业孵化服务；加快发展企业管理、财务咨询、市场营销、人力资源、法律顾问、知识产权、检验检测、现代物流等第三方专业化服务，不断丰富和完善创业服务；加快发展"互联网+"

创业网络体系，积极推广众包、用户参与设计、云设计等新型研发组织模式和创业创新模式。最后，激发创造活力，发展创新型创业。支持科研人员、大学生、境外来华人才创业。

3）人才质量。提升人才质量，完善人才培养、引进和激励机制，大力培养各种高素质的人才。首先，要切实加强智慧城市建设高层次领导人才、高层次复合型实用人才和高技能人才的培养，建立完善的智慧城市人才体系。其次，建立人才激励保护机制，出台相应的优惠政策，积极吸引海内外的优秀人才，从生活待遇、科研设施配置、创业条件提供等方面支持优秀人才发展，营造有利于人才发展的良好环境。第三，要制订具体的人才培养计划，确保智慧城市建设人才培养工作落到实处。依托高校院所、园区、企业和社会办学机构，联合建立各类智慧人才教育培训基地，加强企业与大专院校适用人才的联合培养，提供教育、培训和执业资格考试等服务。最后，发展"互联网+教育"，建立城市终身教育体系。"互联网+教育"的发展有利于实现教育公平，解决传统教育教学环境封闭、学生学习兴趣低、综合素质不高等一系列突出问题，最终实现定制化教育、体验式教学、游戏化社交化学习，建立城市终身教育体系。

（6）智慧环境

智慧环境是智慧城市建设的重要保障，包括生态保护、资源利用及软环境建设。加强生态环境保护，促进绿色低碳生活环境建设，提高资源利用率，不断增强可持续发展水平是智慧城市建设的必由之路；充分理解智慧城市内涵，把握未来城市发展机遇，结合自身特点及优势，提高智慧城市与自身发展目标的契合度，加强智慧城市软环境建设，不断促进智慧城市的健康有序发展。

1）生态保护。第一，建立健全生态保护法律法规和标准规范体系。制定有关生态保护、生物安全、土壤污染等方面的法律，制定生态环境质量评价、生态脆弱区评估、自然保护区管理评估、生态旅游管理等法规和标准。把生态环境保护和建设纳入国家法制化管理体系之中，加大对重点区域和流域的重大生态破坏案件的查处力度。第二，制定和完善生态保护经济政策。将生态破坏和环境污染损失纳入城市经济核算体系，引导城市发展从单纯追求经济增长转到注重经济、社会、环境、资源协调发展上来，建立生态保护经济政策体系。建立生态补偿机制，研究下游对上游、开发区域对保护区域、受益地区对受损地区、受益人群对受损人群以及自然保护区内外的利益补偿。第三，运用新一代信息技术，构建生态系统监测体系。建立并逐步完善生态系统监测网络。加强对重点生态系统的科学研究，开展生态系统脆弱区和敏感区的监测，建立生态监测和预警网络，提高生态系统监测能力，并对生态环境质量进行评价。优先建立城市重要生态功能区的生态状况监控系统，建立重大生态破坏事故应急处理系统。最后，系统开展生态保护宣传教育。加大生态环境保护宣传力度，弘扬环境文化，倡导生态文明，努力营造生态健康的生活方式。加强对各级领导决策者的培训，开展全民生态科普活动，提高全民保护生态环境的自觉性。

2）资源利用。第一，深化经济体制改革。建设统一开放竞争有序的现代市场体系，完善宏观调控体系，更大程度地发挥市场在资源配置中的决定性作用，要着重考虑建设合理的资源价格体系，用价格杠杆调节资源的利用。第二，完善现代产权制度。只有明晰了资源的产权，才能最大限度地发挥资源的效益，做到物尽其用，使资源的损失浪费降到最低限度。既应明晰自然资源的产权，优化自然资源配置，节约自然资源，使自然资源利用率达到最高；又应保护知识产权，提高人们研究、开发和推广应用资源节约型技术的积极性。第三，实施科教兴城战略。深化科技体制改革，加快城市创新体系建设，大力发展应用技术，促进全社会科技资源高效配置和综合集成，提高资源的利用率。加快节能技术开发和推广，目前应重点支持一批资源节约和综合利用技术开发、技术改造项目，加快成熟技术的推广应用，重点推广节油代油、洁净煤和节电、节水技术。大力研和开发利用"绿色能源"的新技术和新工艺。第四，促进经济社会与人口、资源和生态环境相协调，在全社会提倡绿色生产方式和文明消费，倡导低投入、高产出、少排污、可循环的生产模式，大力开展再生资源回收利用。通过各种形式，广泛宣传节约、集约、循环利用的资源观，鼓励和引导公众积极参与可持续发展。最后，充分开发利用新一代信息资源和数据资源，提高数据资源在经济社会各领域的应用深度和应用价值。

3）软环境建设。在政策法规方面，一是要基于智慧城市建设与管理的实际要求，不断完善具有地方特色的智慧城市建设与管理的政策法规与标准体系，从技术、管理、组织等方面为智慧城市建设构建良好的政策环境。二是要结合智慧城市建设的实际需要，加快健全重大项目的监督管理机制，加强对重大项目的立项、招投标、资金使用、项目经验、效果评价等环节的监督管理，规避各种潜在风险和不利因素。三是要研究建立智慧政府、智慧产业、智慧社区、智慧家居等项目建设评价指标，定期发布主要行业领域智慧化指数，有效考察、监测和评估智慧城市建设各项任务的实施进度，有效激励和调动各方面积极性，增强推进智慧城市建设中的责任感和使命感。

在领导体制方面，首先，建立智慧城市建设工作领导小组，负责智慧城市建设的指导协调工作，协调解决智慧城市建设中的重大问题，督促落实智慧城市建设的各项工作任务；领导小组办公室承担领导小组的日常工作，负责加强与各职能部门的联系和沟通。其次，推行首席信息官制度，提高智慧城市建设的领导和执行能力，抓好各级领导、机关干部和企业家的培训，提升推动智慧城市建设的能力。

在城市品牌建设方面，要通过智慧城市基础设施建设、软环境的营造，并利用传统媒体和新媒体的力量，积极打造具有独特个性的智慧城市品牌，为智慧城市建设带来更多的资源，积聚更多的力量支撑智慧城市建设，全面提高智慧城市的综合竞争力及未来发展潜力。

智慧基础设施是智慧城市建设的基础，为实现智慧、城市的高效运转提供支撑；智慧治理是智慧城市发展的关键，是体现智慧城市发展水平的重要标志；智慧民生是智慧城市建设的重要工程，是实现全民享受智慧的重要体现；智慧产业是新一轮产业发展的必然趋势，是智慧城市持续、健康发展的重要支柱，是增强智慧城市竞争力的重要保障；智慧人群是智慧城市的主体，是智慧城市的建设者、运营者、管控者和享用者，智慧人群的培育是智慧城市良性运转的核心，是智慧城市建设的目的所在；智慧环境是智慧城市健康发展的营养素，具有重要的支撑作用。这六部分相互支撑、相互促进，从而形成一个相互支撑的、完整的、系统的有机整体，真正实现城市管理精确高效、城市服务及时便捷、城市运行安全可靠、城市经济智能绿色、城市生活安全舒适的发展目标。

5.4 智慧城市评估体系

1. 评估背景

随着信息社会的快速发展及互联网思维的全面影响，智慧城市已成为各个城市抢占信息技术制高点及促进新兴产业发展的重大机遇。在《国家新型城镇化规划（2014～2020年）》和《国务院关于促进信息消费扩大内需的若干意见》均明确提出加快智慧城市建设；由发改委、工信部、科技部等八部委联合发布的《关于促进智慧城市健康发展的指导意见》提出到2020年建成一批特色鲜明的智慧城市；李克强总理在2015年政府工作报告中明确提出要发展智慧城市建设，这是"智慧城市"一词首次写进政府工作报告。智慧城市建设成为我国解决城市发展难题、实现城市可持续发展不可逆转的潮流。

在智慧城市建设热潮兴起的同时，我国的智慧城市建设存在着一系列问题，如盲目跟风、重复建设等。因此，建立客观有效的评价体系，使智慧城市建设效果可衡量、可比较，成为驱动智慧城市健康发展的关键因素之一。此外，智慧城市评估是引导智慧城市健康发展的有效手段，应贯穿于智慧城市规划、建设和运作的各个环节，具有重要的现实意义。

目前，智慧城市在国内外得到了极大关注，以政府、企业、科研院所、咨询机构等为主导的机构对智慧城市展开不同维度的研究，并从不同视角提出了智慧城市的内涵及相关理论。虽然智慧城市仍处于探索研究阶段，但各界对智慧城市的内涵已基本形成共识，认为智慧城市是信息化与城市化融合发展的结晶，是城市化发展的高级形态，智慧城市坚持以人为本，充分利用新一代信息技术，提升城市的承载力，为人们打造一个绿色、安全、宜居、幸福的未来之城。

2. 评估意义

（1）智慧城市评估有助于城市明确其战略发展方向

我国各个城市在经济实力、社会资源、科技水平、基础设施建设、服务管理能力等方面存在较大差异，因此，智慧城市建设必须因地制宜。通过系统阐述智慧城市内涵体系及发展规律，构建科学的智慧城市评估理论模型及具有系统性、前瞻性、操作性的评价指标体系，能够充分反映智慧城市的本质特点、发展规律及未来趋势，让各个智慧城市建设者清晰全面地了解城市自身发展状况、应用系统运行效果，进一步明确智慧城市未来发展方向，为持续优化智慧城市规划与设计路径提供决策参考。

（2）智慧城市评估有助于保障城市建设质量

智慧城市是一个复杂的巨系统,主要建设发展过程包括动态规划、协同建设、健康运营、科学评价、持续改进等环节,其中科学评价在整个过程中发挥着重要作用。智慧城市建设过程的每一个环节都应该开展相应的评估,保证各项建设工作在预期内高质量地完成。一方面,评估工作涉及模式、机制等宏观管理的考核,有利于规范建设各方的权利和责任;另一方面,评估工作能够及时发现建设过程中存在的问题和不足,并及时总结建设过程中的成功经验,指导下一步工作。

(3)智慧城市评估有助于提升城市运行效果

智慧城市的服务管理覆盖了与公众密切相关的医疗、教育、社保、就业、交通、应急等贴近民生的关键领域,最能反映一个城市的智慧化程度。随着民众服务需求的不断升级,跨部门的业务和服务事项的不断增多,城市部门间的协调程度受到了极大的挑战,以绩效为驱动力,能够有效提高城市各个服务部门的运行效果。首先,绩效评估能够从整体上把握不同领域的绩效水平;其次,绩效评估能够根据不同领域、不同部门、不同业务范畴的差异与特征,对服务管理的各个细节进行考核,通过绩效评估改善城市跨领域、跨部门的业务与服务水平,提升城市整体运行效果。

3. 评估模型

从城市系统论的角度看,智慧城市就是充分利用现代信息技术,促进以信息流为核心的人口流、物质流、能量流、资金流等资源流的相互感知、高效流动和交换,推动城市自然系统、社会系统、经济系统的完善和重构,打造一个经济社会活动最优化的城市新系统,提升信息资源开发利用及城市运营管理水平,为市民建设一个智能化的终身教育体系,提供一个创新型的价值实现平台,打造一个绿色和谐的工作生活环境,实现经济社会的可持续发展。具体如图5-8所示。

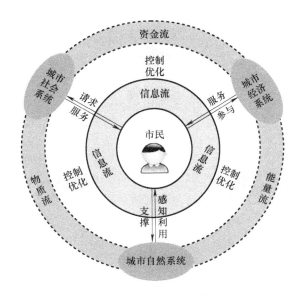

图 5-8　智慧城市内涵体系图

从智慧城市内涵体系图可以看出，通过信息流带来物质流、能量流、资金流等快速流动和交换，促进城市自然系统、社会系统、经济系统的安全、高效运行，从而为市民提供满意的服务。

根据智慧城市系统观的内涵体系，可以构建智慧城市的评估模型，即 PSF 智慧城市评估模型，PSF 三个字母准确说明了智慧城市的总体思想、体系架构及建设发展流程，其中 P 代表以人为本（ People-Oriented ），S 代表城市系统（ City-System ），F 代表资源流（ Resources-Flow ），图 5-9 所示为智慧城市 PSF 评估理论模型。

智慧城市 PSF 评估模型集中阐释了以人为本的核心理念，从下向上全面说明了科学系统的运营流程，为智慧城市规划、建设及评估提供了清晰的图谱。

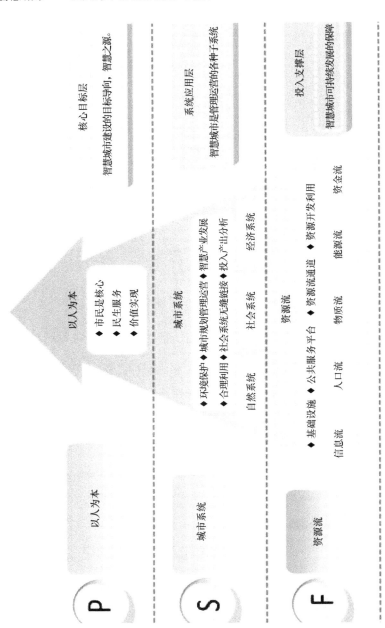

图 5-9 智慧城市 PSF 评估理论模型

投入支撑层：即资源流，主要包括各种信息基础设施、公共服务平台、资源通道等，实现各种资源的科学投入及各种资源流的高效流动和交换，为智慧城市建设发展提供重要支撑。

系统应用层：即城市系统，主要包括环境、社会、经济等各方面的智能化应用系统，基于云计算、大数据、物联网等新一代信息技术为市民提供各种均等化、个性化的服务，促进智慧产业发展，提升城市管理运营水平。

核心目标层：即以人为本，既是智慧城市建设发展的目标导向，也是智慧城市建设的"智慧"之源。智慧城市要围绕市民的实际需求而建设发展，提高市民的幸福指数，同时为市民提供终身教育体系及价值实现平台，为智慧城市建设提供持续动力。

4．评估体系

根据 PSF 评估模型，智慧城市建设运营包括三大关键要素，即资源流、应用系统、核心目标。资源流是智慧城市建设的前提和基础，主要为智慧城市建设运营提供要素投入及基础支撑，属于对智慧城市要素评价的范畴，设定为智慧要素。系统应用是实现智慧城市各项任务的关键，涉及环境保护、城市管理服务、经济发展三个方面，主要是对智慧城市各应用系统进行智能化改造、整合链接，以实现对城市的精准化管理，为民生提供便捷化的服务，为智慧产业发展营造良好的环境，属于对智慧城市应用系统评价的范畴，设定为智慧环境、智慧管理、智慧民生、智慧经济。核心目标是以人为本，贯穿智慧城市建设、管理、运营的始终，重要的是为市民创造良好的教育、工作和生活环境，提高市民的信息化素养，充分开发利用人的智慧，属于对智慧城市评价的重要范畴，设定为智慧人群。图 5-10 所示为 PSF 模型与智慧城市评估指标范畴。

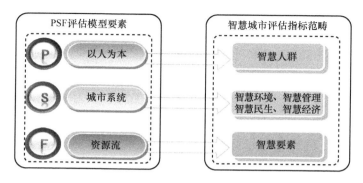

图 5-10   PSF 模型与智慧城市评估指标范畴

5. 指标体系

（1）设计原则

1）系统性：依照智慧城市建设整体思路，系统全面的构建评估指标体系，指标与指标之间体现出逻辑性。

2）科学性：指标体系的构建要严格把握科学性原则，保证数据的有效与真实，标准的规范与实用。

3）引导性：结合智慧城市发展的最新理念，指标体现正确的引导性，体现出循序渐进的发展性。另外，指标具有前瞻性，应用方面具有创新性和现实指导性，能够引导智慧城市下一步的发展方向。

4）完备性：全面考量指标体系的架构，从各个维度全方位的进行评估，保证指标的包容性，根据评估指标体系能够全面地反映评价对象的各个方面，以求达到全面、系统、完整。

5）互斥性：指标体系考察的角度和内容要充分互斥，不存在重复或交错的评估指标，不存在相似或趋同的评估内容，保证指标体系的充分多样。

6）可操作性：根据评估的可操作性，每项指标的数据可采集、可度量，在相关数据和资料的收集方面有较高的可行性，以便于实施。

（2）指标体系

采用 6+1 模式，根据智慧城市范畴划分为智慧基础设施、智慧管理、智慧服务、智慧经济、智慧人群、保障体系六大块及一个加分项，共包含 7 个一级指标、16 个二级指标。其中智慧基础设施指标包括基础网络建设水平、基础信息资源建设与共享、城市云平台应用情况；智慧管理指标包括政府在线服务水平、公共资源交易平台、社会化媒体参与度；智慧服务指标包括社会化民生服务水平与数据开放服务水平；智慧经济指标包括城市创新创业水平、经济产出能耗水平、互联网产业发展水平；智慧人群指标包括信息服务业从业人员情况与市民生活网络化水平；保障体系指标包括发展规划制定情况、市民信息化宣传培训、绩效考核情况。图 5-11 所示为中国智慧城市发展水平评估指标体系。

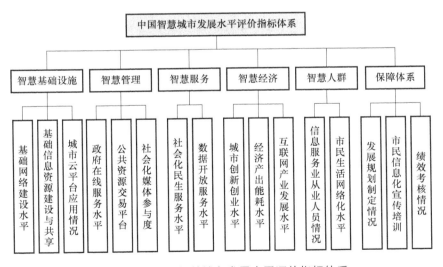

图 5-11 中国智慧城市发展水平评估指标体系

第 6 章 智慧城市建设案例

　　从 20 世纪 90 年代开始，新加坡陆路交通管理局便未雨绸缪，着手建造电子道路收费系统，这一做法在世界上还是首创，并取得了很好的成效。新加坡建设信息化城市的水平在世界上居于前茅，电子政府自 2009 年起连续五年被评为世界第一。更重要的是，新加坡已经实现了从电子政府到整合政府的转变，已经超出了技术层面，更强调以公众为中心，增加公众在电子政府中的参与度，强化政府的能力和协同性，在机构内部和各机构之间实现安全无缝的协作。

　　银川市人民政府和中兴通讯公司共同打造的 ZSmart CC（智慧银川），是基于 TMF 认证的全新的智慧城市 2.0 解决方案。该方案通过联合设计优化的顶层架构，利用大数据和云计算等最新技术，不仅仅着眼于一站式审批，而且提供政府对城市、居民、审批流程的全方位管理视角，增强社区网格管理和服务能力，实现便民利民服务的智能化、便捷化。

　　2009 年，北京携手相关单位，签订了"感知北京"的合作协议。其主要内容涵盖了经济、文化、社会、基础设施等四个方面，提出了四大具体目标。具体措施如下：实现信息枢纽的全球资源化配置，深化改革，致力创新，建立以新一代信息技术为支撑载体的网络引擎。最终使得城市成为运行顺畅，文化传承永续的智慧典范。

　　无锡的智慧城市建设主要是以物联网和云计算这两项核心技术为

主要的切入点，通过大力发展物联网、云计算等技术支撑的信息产业，以此来推动城市快速发展。无锡还是全国云计算产业的领头城市，早在 2008 年，IBM 就在无锡建立了第一个云计算中心。

宁波于 2010 年开始建设发展 "智慧城市"，并制订了相关战略计划。宁波政府对该市的智慧城市发展进行整体规划，其主要覆盖内容包括应用体系、产业基地、基础设施以及应用能力等方面。宁波将智慧产业、智慧基础设施、智慧应用、居民信息应用能力等这几个方面有效整合，进行全面推进。为此，政府投入了强大的资金，并且把资金重点放在了智慧技术智慧产品的研发，商业模式创新等方面。

6.1　智慧城市规划

1．新加坡：规划引领建设

新加坡是典型的城市国家，它较早开始智能城市的规划，以其规划的前瞻性、应用性、发展性引领着新加坡的智能城市建设不断向前发展。新加坡的优势在于国家小，方便管理。然而，有利又有弊，正是因为国家小而长期缺乏劳动力，从而削弱了制造业的竞争力。政府在意识到这一问题后，将重点放在了技术密集型产业上面，通过资本投入带动技术革新来实现智能发展的目标。因此，信息产业的发展在新加坡得到高度的重视。从资金的投入开始，政府对信息产业注入了大量资金，并培养信息技术相关人才，创建适应信息技术发展的良好环境。同时，新加坡注重电子政务的发展，为国民提供便捷的服务，实现了无缝管理的一站式便民服务，包括八百多项政府服务和两百多种商业执照申请，都可以在网上完成，实现了政府与国民的信息对称，方便了国民的同时也提高了政府的办公效率。在电子政务的建设下，互联网得到充分运用，对信息的处理、加工、转换进行了实时更新，对交通也提供了相当便捷的服务，为国民的出行提供了准确的时间、线路以及出行模式。

新加坡 20 世纪 80 年代就开始信息化规划和建设，从 1980～1990 年，新加坡政府提出"国家电脑化计划"，拟在新加坡的政府、企业、商业、工厂推广电脑化应用。到了 1992 年，新加坡提出"IT2000-智慧岛计划"，计划在 10 年内建设全覆盖的高速宽带多媒体网络，普及信息技术，在地区和全球范围内建立联系更为密切的电子社会，将新加坡建成智慧岛和全球性 IT 中心。2000 年，新加坡提出"信息通信 21 世纪计划"；到 2005 年成为网络时代的"一流经济体"。

2006 年 6 月，新加坡公布了"智慧国 2015"计划。该计划主要包括四大战略板块：资讯通信基础设施建设，建立超高速、普适性、智能化的资讯通信基础设施；用智慧应用对经济、政府甚至整个社会的改造；人才培养，发展普遍从业人员的资讯通信技术能力；通信产业，培育具有全球竞争力的资讯通信产业。"智慧国 2015"设立了一系列目标，经济方面的包括：到 2015 年，基于资讯通信技术所发展起来的经济和社会价值高居全球之首，并实现行业价值两倍增长、出口收入 3 倍增长的目标。其他社会发展方面的目标还包括：到 2015 年，新增工作岗位 8 万个，至少 90% 的家庭使用宽带，计算机百分百渗透拥有学龄儿童的家庭。图 6-1 所示为新加坡"智慧国 2015"计划四大战略板块。

在 2014 年，新加坡公布了"智慧国家 2025"10 年计划。这份计划是"智慧国 2015"计划的升级版，新的智慧国建设在强调信息技术更广泛深入应用的基础上，将更加强调以人为本，利用信息技术更好地服务人民，充分发挥人在智慧国建设中的主观能动性。

图 6-1　新加坡"智慧国 2015"计划四大战略板块

　　新加坡的智慧化建设已经取得有目共睹的成绩。据埃森哲咨询公司 2014 年的研究，新加坡在电子政务方面排名世界第一。世界经济论坛发布的《2014 全球信息技术报告》将新加坡排在"最佳互联国家"第二位。2013 年，新加坡的信息技术产业产值 148.1 亿新元，年增长率高达 44.6%，其中出口占 72.7%。新加坡全国有 14.67 万信息技术人才，且过去数年基本保持稳定。"智慧国 2015"计划几乎已经完成目标。

2. 银川：智慧城市 2.0

　　在 2014 年，银川市政府与中兴通讯技术达成合作为打造银川智慧城市 2.0，并针对提升政府的服务能力提出了"互联网+政府"计划，整体项目围绕四大目标进行，分别是惠及民生、科学管理、产业衍生和投资迭代。

　　智慧银川从顶层设计入手、全局规划，分三期建设大数据中心、4G 城市网、平安城市、智慧交通等十大系统 13 个子模块，提高政府行政化创新水平、城市立体化管理水平、民生精细化服务水平、产业融合化发展水平。在这样的顶层架构设计下，银川市进行了三大创新，商业模式创新、管理模式创新和技术架构创新。而管理模式由原来政府自建自营变为"顶层设计+闭环正反馈"的创新管理模式，以城市为基本单元进行顶层设计，统一规划，统一管理，"产研标"结合，构建"闭环反馈"的智慧城市生态系统。图 6-2 所示为智慧银川顶层设计。

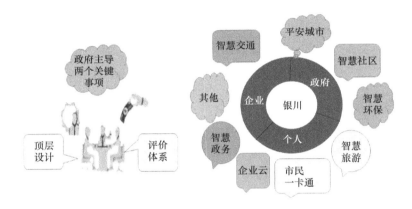

图 6-2　智慧银川顶层设计

　　银川市作为"智慧城市 2.0"的典型代表，最大限度打破信息孤岛，实现数据全覆盖、跨部门共享。据了解，"智慧政务"上线后，实现了政府部门 432 项业务一站式审批，审批时限缩短 78%，企业注册用时由 5 天压缩为 1 天，市民在一个窗口就能办成所有手续。

　　智慧城市的智慧标志来自于对大数据的挖掘，然而，现在很多城市部门之间的数据相互分割，共享困难。银川从建设智慧城市伊始，就注重通过顶层设计最大限度地打破信息孤岛，智慧城市的行政管理权限设在市委、市政府督查室，市工信局只负责技术方面的运营，打破部门间信息垄断和壁垒，再通过"一图一网一云"技术架构的创新，对信息数据进行整合和挖掘。银川智慧城市项目已经开通了十大系统13 个子模块，全面覆盖城市管理、便民惠民、产业发展等多个层面，实现政府、企业和百姓生活等多方共赢，构建起了全新的智慧城市生态链，也成为全球智慧城市 2.0 的典范。图 6-3 所示为智慧银川数据共享互通图示。

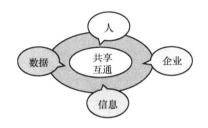

图 6-3　智慧银川数据共享互通图示

为解决智慧城市建设运营难、融资难的问题，银川主动引入 PPP商业模式，主动选择有咨询能力、投资能力、建设能力的公司合作，与中兴通讯组建合资公司，2014 年下半年将投入运营。运营初期，银川市政府每年向合资公司购买 3 亿元信息服务，去掉折旧和运维成本，能有 2 亿元利润。数年后，政府只购买信息服务，信息流的维护靠专业公司。图 6-4 所示为智慧银川 PPP 模式。

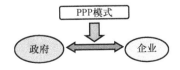

图 6-4　智慧银川 PPP 模式

在规划建设智慧城市的过程中，银川重视利用智慧城市平台催生新业态、衍生新产业、对传统产业进行升级改造。加快推进赛博乐物联网集聚区、立达电子"云立方"大厦、西部工业云谷、国家级工业云创新示范平台等项目，将云计算、物流网、大数据这些智慧符号载入银川 2.5 产业；出租银川大数据中心收集挖掘的数据资源，为 WCA、游戏公司、社交媒体、大型网站提供商业服务；建设智慧大厦——展示智慧产业的平台；建设智慧生态园区——智慧产业生产的平台。图 6-5 所示为智慧银川产业。

图 6-5　智慧银川产业

3. 珠海：注重企业和人才规划

建设智慧城市是改善和服务民生的需求。珠海市政府高度重视改善和服务民生，在《珠海市国民经济和社会发展第十二个五年规划纲要》中明确提出以"率先转型升级、建设幸福珠海"为主旋律，将"把珠海建设成为国内环境最优美、最宜居宜业宜游的生态城市之一"作为城市发展的主要任务，"幸福、宜居、宜业、宜游、和谐"已成为珠海市国民经济和社会发展的主题词。发挥信息化在促进服务模式转变、服务体验提升方面的技术保障作用，以人为本开展智慧城市建设，是改善和服务民生的必然要求。

珠海建设智慧城市是城市定位和发展的需要。从长远来看，珠江口西岸核心城市的建设需要充分发挥信息化的强有力的辐射作用，通过信息化支撑，保障区域通信一体化、交通一体化等区域一体化战略的推进实施，提升珠海对珠江口西岸其他城市的辐射带动能力。近期来看，珠海"以海港、空港、口岸建设为载体，建设珠江口西岸交通枢纽城市"更需要充分发挥信息化的强有力的聚合作用，提升交通枢纽城市的流转服务能力。以物流业为例，随着港珠澳大桥的建设和广珠铁路的开通，物流业将迎来巨大的发展机遇，智慧城市建设能有力推动珠海物流产业向信息化、智能化发展。同时，将智慧城市建设作为珠江口西岸核心城市建设的重要组成部分，也是确保珠海智慧城市具有更强的生命力和更大的影响力的关键。

　　珠海的智慧城市规划，注重吸引大企业、大项目进驻，强化企业在智慧城市建设过程中的主体地位，鼓励企业参与建设、运营、筹资和管理，调动社会各方面的主动性和积极性。2012 年 11 月，珠海市政府与新加坡 IDA（新加坡资讯通信发展管理局）签订相关协议，双方将在电子政务、网上办事大厅、智能交通、智慧物流、智能城管和智慧港口等领域进一步加强交流与合作，已达成至少 12 项合作意向。2012 年 9 月，珠海斗门区政府与惠普全球外包服务中国枢纽签订战略合作备忘录，建设惠普（HP）智慧城市（珠海）项目，致力在华南地区发展智慧城市、3D 技术、软件服务外包。2013 年 8 月，珠海市政府与百度公司签署战略合作框架协议。根据协议，双方将在中小企业网络营销、企业信息化建设、医疗卫生领域互联网应用、人才培训、云计算产业等方面开展广泛合作，以推进珠海市智慧城市建设，加快经济社会各领域信息化建设步伐。

　　同时，珠海的智慧城市规划注重培养和引进信息化人才，人是智慧城市建设的决策者、执行者和享用者，必须充分发挥人的主体作用。发挥高校在信息化人才培养方面的优势。国内至少有 10 所知名高校在珠海办学或设立研发机构，驻珠高校均设有计算机、信息技术、电子商务等相关专业，为珠海市加快完善企业为主体的产学研合作和电子信息产业的可持续发展提供了人才储备。拓宽信息化人才培养思路。对信息化专门人才试行"订单式"教育、"定制式"培养的方式，用人企业直接进入教育培训市场，定制培养、培训所需专门人才。在此基础上，珠海还支持与国内外专业信息化人才培训机构联合办学，培养信息技术与管理专业人才。除了要留住人才，还要引进人才。珠海已与广东省引进海外高层次人才工作站签署相关合作协议，设立了"珠海市引进海外高层次人才工作站"。此外，珠海正在完善和调整人才激励措施，给予高层次人才在落户、医疗、住房等方面一系列的优惠政策。

在建设智慧珠海的具体规划中，重点构建"一卡（市民卡）、一网（网上办事大厅）、一号（12345市民服务热线）、一页（市民网页和企业网页）、一库（智慧珠海信息资源库）、一平台（智慧珠海综合服务平台）"六大综合性基础平台，打造交通运输、产业支撑、城市管理、政务服务、社会服务和文化传承六大主题智慧应用，让"智慧珠海"建设成果惠及每个市民。改革开放30多年来，珠海在城市建设和经济发展过程中秉持"生态优先""可持续发展"的理念，走出了一条有别于传统发展模式的道路，在经济快速发展的同时，守住了生态良好、景观优美、宁静和谐的城市环境，给珠海打下了一个坚实的经济基础，创造了一个发展的生态环境优势。在此基础上，珠海提出了"生态文明新特区、科学发展示范市"的发展定位，这既贴近珠海的发展实际，也符合党的十八大的发展方向。目前，珠三角城市总体上迈入"生态本位"的发展阶段。拥有生态资源优势就可以在发展中获得先机，而珠海正是得先机者之一。港珠澳大桥带来的交通优势和珠江口西岸核心城市的区位优势这两个利好，将进一步激活珠海经济的发展后劲。要进一步发挥好优势，让"后劲"成为发展成效，珠海通过发展智慧城市，可以提升城市综合服务能力和水平，实现支撑和引领珠海沿着

"生态文明新特区、科学发展示范市"的生态文明道路，持续提升本地在粤港澳和珠江口西岸交通枢纽的软实力，并向国际交通枢纽迈进，夯实珠江口西岸核心城市的核心地位；还可以提升"易商服务"能力和水平，创国际一流的"营商环境"，吸引"三高一特"产业落地，助力提升产业竞争力，支持经济全面参与国际中高端竞争；还可以使城市规划、建设和管理更加精细科学，使社会服务更加周到便捷，打造与欧美国家媲美的宜居环境，为公众创造美好幸福的城市新生活。

4. 上海：规划促进信息化发展水平

在上海市"十二五"规划纲要中，将创建面向未来的智慧城市作为重点任务，2011 年 9 月和 2014 年 10 月，上海市委、市政府发布了《上海市推进智慧城市建设行动计划（2011～2013 年）》和《上海市推进智慧城市建设行动计划（2014～2016 年）》。目前，上海市智慧城市建设基本完成行动计划明确的各项目标任务，上海信息化整体水平保持国内领先，在移动通信、民生应用等领域正在迈入世界先进行列。上海在 2013 年、2014 年和 2015 年连续三年在中国信息化发展水平评估中排名全国第一。

上海市信息基础设施服务旨在成为国内通信质量、网络宽带、宽带资费、综合服务最具竞争力的地区之一的目标，着力增强信息网络综合承载能力、设施资源综合利用能力和信息通信集聚辐射能力。其在国内率先发布《上海市公用移动通信基站站址布局专项规划（2010～2020）》，编制《上海市信息基础设施布局专项规划（2010～2020）》；率先开展新建住宅建筑通信配套设施第三方运维；推进基础通信管线、移动通信基站、光纤到户驻地网、无线局域网等设施的集约化建设；开展固网宽带、公共 WLAN 的网速动态监测分析以及宽带资费跟踪比较，实现本市宽带资费与国内同类城市基本可比。目前上海光纤到户覆盖总量约 820 万户，实现城市化地区覆盖；家庭光纤宽带入户率和评价带宽分别达 60% 和 20M；完成 600 万有线电视用户 NGB 网络改造，基本覆盖中心城区和郊区部分城市化地区；基于 TD-SCDMA、WCDMA，CDMA2000 三种制式的 3G 网络全市覆盖，全面启动 4G 网络建设，3G 和 4G 普及率达 70%；WLAN 覆盖场所达 2.2 万处，456 处公共场所开通 i-Shanghai 服务。i-Shanghai 主要是由上海市政府策划、部分基础电信运营企业负责建设并运营的公共无线局域网络。i-Shanghai 是其统一的服务标示。在 2013 年年底，就已经约有 450 个公共场所建设完成了 i-Shanghai 热点，主要是上海人流密集、有突出窗口功能的场所，比如公交枢纽、商业街区、公园绿地和一些旅游景点的集散中心、会展中心、文化场所、医疗卫生场所、体育场馆以及行政服务办事大厅等。这些公共无线局域网热点的覆盖为在上海的公众提供了免费的上网服务。

上海市智慧城市规划从市民诉求和企业关注的热点出发全覆盖，着力推动数字惠民、智慧城管、两化融合和电子政务行动，并已初步实现智慧城市建设应用领域全覆盖。数字惠民领域，围绕市民"医食住行文教旅"智能化服务，推进智慧城市成果全民共享。卫生信息化工程实现市区及医联等多平台互联互通，动态采集维护 3000 多万份健康档案；建立统一的食品安全投诉举报热线，办理时间从 30 天缩减到 19 天；在 50 个社区和 5 个行政村试点开展以生活服务、智能家居等为重点的"智慧社区"和"智慧村庄"建设。智慧城管领域，推进城市建设与管理并举，将信息化全面渗透到中心城区升级改造和郊区新城规划建设中。网格化管理模式从城市建设向综合管理拓展，有效推动大联动、大联勤；公共交通综合信息服务渠道向移动网络拓展，ETC 建设基本覆盖全市主要道口。两化融合领域，全面推进信息化在产业各领域的渗透应用，促进传统产业向高端化、服务化、绿色化发展。电子商务带动了平台经济发展和供应链协同，电子商务交易额突破 1 万亿元。电子政务领域，基本建成覆盖全市的人口库、法人库和空间地理信息库，在信息公开基础上推动政府数据资源向社会开放，开通国内首个"政府数据服务网"；网上行政审批平台在内资企业设立、建设工程等领域实现并联审批；"12345"市民服务热线、法人数字证书"一证通用"等渠道整合不断深化。以推动战略性新兴产业发展为抓手，围绕新产业、新技术、新模式、新业态，加快信息产业由大变强，产业转型升级不断加快。

6.2　智慧城市设计

1. 碧桂园森林城市

碧桂园森林城市（马来西亚）位于新马经济特区——依斯干达特区，由四座填海岛屿组成，占地面积约 $14km^2$，由碧桂园在 20 年内投资约 2500 亿元，携手 Sasaki 等国际顶尖城市设计团队打造的新加坡旁智慧生态大城，属于可持续发展型的智慧城市规划路径。

碧桂园森林城市是全球首个垂直绿化立体城市，所有的建筑都有垂直绿化与智能设施配套，使建筑本身成为净化空气、降低噪声和热岛效应的绿色屏障，让每一位居民都生活在绿色的自然里。它由三层立体城市组成，底层为停车静态交通区，第二层为城市通勤道路，包含中小型市政基础设施、交通枢纽、公共服务设施等，第三层"十几平方公里地面全是公园，无车辆穿行"，轨道交通位于高架桥上，地面全是公园，可步行可骑自行车，楼盘也都是建于此层之上。同时，集聚未来高新产业、高端服务业，实现产城融合发展。

碧桂园森林城市的设计拟彻底解决城市交通拥堵、空气污染等一系列问题，体现"以人为本"的智慧城市设计理念。凭借着生态、智慧、绿色的设计理念，获得了美国最著名的城市设计大奖之一"波士顿建筑景观设计优秀奖"。

2. 北京西城智慧社区

北京西城智慧社区设计注重利用信息技术实现智能化、人文化的社区公共服务。2011 年 5 月，北京市西城区依托信息化手段和物联网技术，以满足社区居民、驻区单位、社会组织的需求为落脚点，开发了集城市管理、公共服务、社会服务、居民自治和互助服务于一体的"智慧社区"社会服务管理平台。目前，"智慧社区"社会服务管理平台一期内容包括智慧中心、智慧政务、智慧商务、智慧民生四大部分 14 个子系统，是一种以"智能化、精细化、人文化、社会化"为精髓的全新的街道公共服务和管理运行模式。图 6-6 所示为北京市西城区智慧云社区框架。

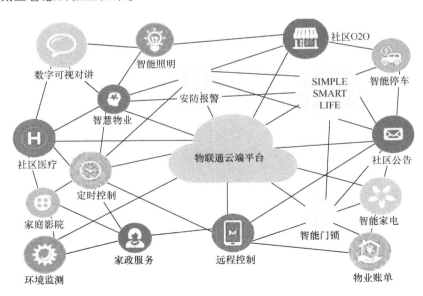

图 6-6　北京西城区智慧云社区框架

智慧中心的核心大脑即基础数据中心，包括 8 大类、42 小项、20 万条数据，智慧中心记录了街道所有的人、地、物、事、组织，这些数据精确到了每个社区的每个单位、每个楼门甚至每个井盖。经过数据的一次采集、录入，实现数据信息在各部门、各社区之间的共享共通，是智慧社区的信息中心、资源中心，支撑整个智慧社区的管理运行。基础数据中心还引入了 GIS，作为整个社区管理与服务功能展示的载体，实现对社区部件和事件的精细化、空间可视化管理，井盖的设置、红绿灯的安装、平房区的管理等都将以智慧中心的数据为依据。

智慧政务借助信息手段，对部门、科室、社区业务进行科学分类、梳理、规范，创新服务管理模式，提高服务管理的规范化、精细化水平。包括社区一站式服务系统、十千惠民系统、社区阳光经费管理系统、综治维稳系统、和谐指数评价系统等。现在依托"社区一站式服务系统"，只需出示身份证，便能即时办结 51 项业务，而且可以和缴纳水电费一起"混搭"解决。"十千惠民"系统在对地区千户低保家庭、千户低收入住房申请家庭、千名空巢老人等十类群体的调查基础上，建立集查询、统计、监督、举报、定制报表、资源共享于一体的街道"十千惠民"服务网络平台，确保各项慰问资金按时足额发放、各项救助活动及时开展。

智慧商务是以服务企业为主旨，建立与辖区企业、商家之间便捷、高效的联系，畅通沟通渠道，服务辖区企业发展，包括槐柏商圈网、楼宇直通车、惠民兴商一卡通、企业绿色通道等。智慧民生以辖区居民需求为导向，建设面向社区各类专项服务的典型应用，实现辖区居民生活智能化、社区服务人文化，包括虚拟养老院、智能停车诱导、全品牌数字家园、数字空竹博物馆等。

3. 智慧福州城市设计

福州，别称榕城、三山、左海、闽都，简称"榕"，位于福建东部、闽江下游沿岸，是福建省的省会、第一大城市，同时也是海峡西岸经济区文化、政治、科研中心以及现代金融服务业中心，首批 14 个对外开放的沿海港口城市之一，全国综合实力五十强城市，全国文明城市，全国宜居城市，福布斯中国大陆最佳商业城市百强城市。

"智慧福州"从智慧政府、智慧民生、智慧人文、智慧城市产业发展等方面，以交通、能源、物流、工农业、金融、智能建筑、医疗、环保、市政管理、城市安全等重点行业的应用为建设主体，实现城市各个层面的管理与服务全面智慧化。

1）公共安全：福州市公共安全部门的业务应用系统，以集应急指挥、案件分析、警务综合、PGIS 等子系统为一体，保障社会的稳定，维护市民的安全，提供良好的生活环境，并可以此为建设契机，全面发展宽带基础设施建设，将福州人民全面带入宽带、无线、智慧的生活领域。

2）智慧交通：着力解决城市发展中的交通拥堵、交通诱导导航、智能化的停车管理、应急交通系统控制等问题，实现福州交通管理的高效、智能与环保，为市民提供良好的出行环境。

3）智慧城管："水泥灰"城管大军，不再是简单的体力劳动，通过物联网方式全面数字化城市部件，通过远程监控、GPS 监控、GIS 三维全息全景方式，为城市管理提供全面的智慧化管控平台。

4）智慧环保：PM2.5 的规范化定律不再是空谈，全面保障福州的空气质量、水资源质量，并管控工厂、园区的污水处理，为城市决策者提供可视化的组态监控、管理终端。

5）智慧物流：福州物流连续 10 年的吞吐量递增，需要更为高新科技的物流管理系统来保障，通过 RFID 技术、无线集群技术等，提供远程指挥、广播、对讲、应急等通信服务，"智慧物流"系统将是这一城市综合体最为可靠的保障。

6）智慧旅游：作为福州市最为重要的宜居城市标志，"智慧旅游"可为福州在旅游资源、门户发布等方面起到第二发动机的作用。

7）智慧园区："智慧园区"的核心是以一种更高效集约的方法，通过软件、服务、物联网技术来提高政府办公和园区管理效率，提升园区产业服务水平和居民生活服务水平，以提高服务的明确性，效率、灵活性和响应速度，做到随需服务，建立自主创新服务体系的新型园区，实现园区经济可持续发展和产业价值链提升的目标。

6.3 智慧城市应用

1. 深圳：智慧交通

2014 年，交通运输部提出要集中力量加快推进综合交通、智慧交通、绿色交通、平安交通"四个交通"发展，深圳市委、市政府也明确提出全面建设"智慧深圳"的发展战略，做出"实施信息化带动战略，把信息化作为创新驱动、产业升级、城市发展的重要支撑"的总体部署。大部制改革以后，深圳市交通运输委呈现出职能宽、领域广、人员多、队伍大、工作点多、线长、面广、体大、事杂等特点。面对新任务、新要求，为确保全市道路网、公交网、轨道网、物流配送网的安全稳健运行，深圳市交通运输委提出"以信息化智能化引领交通运输现代化国际化一体化"的战略思路和把交通运输委建在"科技+制度+文化"之上的治理理念，以数据采集、数据分析、数据应用为主线，全面深入推进智能交通建设，为交通管理、交通运行、交通服务提供强大支撑。图 6-7 所示为深圳智慧交通框架。

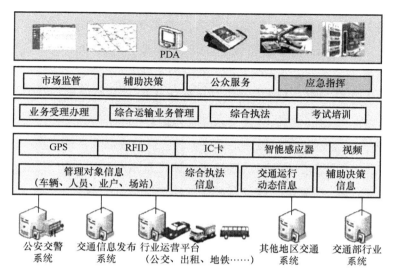

图 6-7　深圳智慧交通框架

　　深圳市交通智能建设，包括公交智能化、出租智能化、地铁智能化、长途客车智能化、危险品运输智能化、驾照培训智能化、港口智能化、机场枢纽智能化等。常规公交智能化建设包括五大组成部分，覆盖常规公交各个环节：设施管理、规划决策、行业监管、运营调度和信息服务。公交设施管理方面建成公交行业基础设施管理平台，完成 909 条公交线路、8569 个站点（包括站台、站亭、站牌、站架）、383 处公交场站、819.8km 公交专用道的属性数据梳理，基本实现了公交基础设施全方位协同化管理。在公交规划决策方面，构建公交仿真模型体系，搭建公交网规划决策支持系统，评估公交运行的整体效率，为公交线网规划、运营组织决策提供支撑，满足社会公众、企业对城市公交服务的需求。

　　在公交行业监管方面，建设 GPS 监管平台，并在 15000 多台公交车上安装车载终端，实现数据管理、实时监控、安全监管、服务监测、信息发布、成本测算、应急指挥。建设公交专用道违章抓拍系统，在公交车辆上安装智能终端，抓拍违法占用公交专用道的车辆，保障公交路权优先，提高公交运行速度。

在公交运营调度方面，制定统一标准，指导企业建设公交智能调度系统，使企业调度系统与政府监管系统有效衔接，实现政府管企业，企业管人、车、站、线。在公交信息服务方面，提供公交电子站牌服务，通过公交车上安装的 GPS 终端，实时掌握车辆的动态信息；依托手机 APP 应用——"交通在手"发布 800 多条线路的公交实时到站信息。提供公交无障碍导盲服务，在 1000 辆公交车辆上安装无障碍导盲设备，并为视障人士配置手持终端，方便视障人士选择公交出行。

出租车智能化方面，在交通运输部的指导下，承担深圳市出租汽车服务管理信息系统示范工程，建设深圳市出租汽车统一电召平台，提供电话、网页、收集 APP 应用等多种渠道电召方式，日均电召量超过 10000 笔，实现近 1.6 万辆出租汽车 24 小时全天候服务。

地铁智能化方面，建设轨道交通网络运营控制中心，实现对地铁运营的综合监视、多线路运营协调、应急指挥、信息共享；汇聚轨道交通应急指挥中心的信息，实现对地铁运营的监督管理、运营上报、统计分析、应急处置等。

长途客运智能化方面，建设深圳市长途客运智能化联网监控平台，实时接入全市 2500 多辆长途客车、2800 多辆旅游包车 GPS 数据，通过对客运车辆运行状态的实时监控，实现安全监管由事后处罚向事前预防转变，企业由被动接受管理向主动参与管理转变。

危险品运输智能化方面，建设危险品运输职能化监管平台，实时掌握 1768 辆车的运行情况，全面监控危险货物运输申报流程，实现危险品货物运输全过程监管。

港口职能化方面，建设港运通智能系统，通过 IC 卡技术、信息技术，实现进出深圳盐田港区、蛇口港区、赤湾港区、大铲湾港区四大港区拖车信息统一管理，快速放行和作业调配，提高港区作业效率和服务水平。图 6-8 所示为深圳市智能交通运行管理模式。

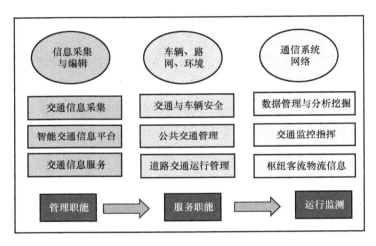

图 6-8　深圳市智能交通运行管理模式

2. 宁波：智慧物流

"智慧物流"是 2009 年 12 月中国物流技术协会信息中心、华夏物联网、《物流技术与应用》编辑部联合提出的概念。在长江三角洲地区区域规划中，宁波被定位为"先进制造业基地、现代物流基地和国际港口城市"。近年来，在"以港兴市、以市促港"发展战略的带动下，宁波已经超越釜山、迪拜等港口，成为全球第五大集装箱港。作为东方大港和长三角国际航运中心的重要组成部分，物流产业在宁波占据举足轻重的地位。数据显示，中国物流行业的成本高达 30%，而国外物流行业的成本只有不到 10%，如果物流行业的整体成本能下降10%，中国的产品就能提高 10% 的利润，所以物流产业的提升对整个经济具有巨大的带动作用。宁波在 2010 年拥有物流企业近 5000 家，庞大的物流企业群体和得天独厚的港口基础为发展物流软件和信息服务外包产业提供了广阔的舞台。图 6-9 所示为宁波智慧物流供应链协同平台。

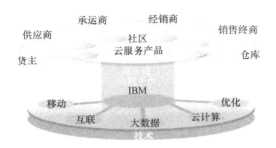

图 6-9　宁波智慧物流供应链协同平台

　　宁波智慧物流建设是浙江首批启动的 13 个示范试点项目之一。市质监局联合市发改委，从搭建宁波智慧物流标准体系框架入手，顶层设计与试点示范同步进行，信息网络技术加速融入港口、园区、企业，逐步形成安全、高效、便捷、经济的智慧物流体系。2011 年 IBM 在中国的第四个开发中心以智慧物流为主要发展方向落户在宁波，宁波智慧物流科技有限公司成为 IBM 唯一授权、具体落实 IBM 中国智慧物流中心落户宁波的合作伙伴，其依靠宁波作为东方大港和长三角国际航运中心的重要组成部分以及物流业举足轻重的地位，利用 IBM 技术创新、行业洞察、客户服务、基础架构有机整合在一起的优势，集合多方技术力量和资源，结合宁波和中国物流产业优势和市场需求，通过一系列即将深入展开的合作，共同建设和运行物流相关的平台和一系列的培训计划等，与 IBM 共同深入拓展中国乃至全球物流行业解决方案，向全球提供物流业的支持和服务。图 6-10 所示为宁波智慧物流框架。

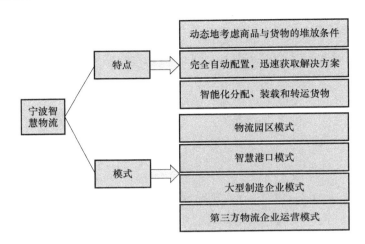

图 6-10　宁波智慧物流框架

　　早在 2009 年宁波就建立了国内第一个第四方物流平台信息标准体系的实体，成为国内第四方物流的试验场。统计资料表明："该实体自 2009 年投入运营以来，用户超过 6400 家，同时保持每月 100 多家的增长速度，为企业降低 25% 的成本，提高 20% 的管理效率"。

　　自 2011 年 IBM 中国开发中心（宁波）及 IBM 中国开发中心物流行业解决方案实质性行动启动以来，宁波主要以宁波港为突破口，率先推进智慧物流建设。其以完善集装箱码头生产管理系统、推进港口各物流环节和业务系统的信息化应用为重点，拓展和提升港口生产业务管理系统建设；以完善现有 EDI 平台功能，整合生产业务系统、车队业务系统等信息系统或数据为重点，建设港口数据中心和信息交换平台；以整合宁波口岸公共信息平台资源为基础，利用 RFID、GPS、AIS、视频采集、数据交换等物联网技术，搭建宁波口岸物联网智能平台；以拓展宁波电子口岸和第四方物流平台功能为重点，建设智慧物流数据中心，提供智慧物流的基础服务和应用服务。

　　此外，其整合口岸相关资源，建设宁波口岸应急联合指挥监控中心,实现数据监控、视频监控、物流监控和数据展示。进一步推进 IBM 智慧物流软件园区建设,协助企业加大成熟技术和软件的应用推广力度。加强示范企业的培育工作,鼓励物流企业推广使用物流管理软件、企业 ERP 接口软件和现代物流行业标准,推进与数据中心的互联互通。鼓励物流企业推广应用条码、RFID、GPS 等先进技术,建设自动分拣系统、智能化仓储管理系统、智能化物流运输管理系统,提高物流的可视化、可控化、智能化水平。

3. 厦门:智慧政务

2011 年年初,厦门市委、市政府研究决定建设厦门市政务服务中心,2012 年 5 月,市政务服务中心正式启用。除了车驾管办证大厅、口岸联检大厅、出入境办证大厅以外,市直部门和下属单位所有行政审批和配套的公共服务项目都进入市政务服务中心集中办理。市政务服务中心分为四个功能区:经济综合服务区、社会事务综合服务区、建设综合服务区、公共资源交易综合服务区。

市政务服务中心建有对外的门户网站和内部办公自动化网、审批系统、信息发布系统、排队叫号系统、公共资源交易管理系统、电子监察视频监控系统等,进驻单位所有办事指南、政策法规、问题库及办理结果等将在门户网上对外公开,每个大厅都设有显示屏,与业务系统相连,及时公开办件情况。所有审批服务及公共资源交易过程将全部纳入视频监控和电子监察系统,实现全方位、全过程监控。停车场实行智能化管理,工作人员的考勤、就餐、停车等实现了一卡通。

市政务服务中心以"便民、高效、公开、廉洁"为服务理念,实行"一个窗口受理、一站式审批、一条龙服务、一个窗口收费"的运行模式;制定并推行预约服务、并联审批、服务承诺、重点项目代办等一系列便民、高效的工作制度。对审批量较少的单位,市政务服务中心设立综合窗口统一收发件。对多部门均需要的相同申报材料，将通过市政务服务中心数据库，实现资源共享。各进驻单位充分授权窗口工作人员，按照"一窗受理、内部运转、并联审批、限时办结"的要求，做到"受理（接办）、审查、审批、缴费、制证（文）"办理环节全部在中心办理完成，方便群众和企业办事，提高了办事效率，规范了办事行为，促进了厦门市政务服务水平的提升。

4. 承德：智慧旅游

国务院于 2014 年 8 月正式发布的《关于促进旅游业改革发展的若干意见》中明确指出，要将旅游产业培育成战略性支柱产业和现代化服务业。旅游产业的重要作用不仅体现在其对经济的巨大支撑作用，更表现在对社会的调节作用。承德市拥有十分丰富的旅游资源，久负盛名的避暑山庄与皇家园林更是旅游聚集的主要旅游胜地。近年来，承德市提出创建国际旅游城市的口号。图 6-11 所示为承德智慧旅游价值分析图。

图 6-11　承德智慧旅游价值分析图

根据 2014 年 CIKI 中国宏观数据挖掘分析系统的统计数据显示：2014 年，承德市共接待来自国内和国外的游客超过 2900 万人次，相比 2013 年，增长了 19 个百分点，旅游收入已超过 265 亿元，增长幅度已达到 30%，据统计，目前承德全市共有从事旅游产业经济的乡镇 32 个，已占到了全市乡镇总数的 15%，且全市范围内从事旅游相关项目经营的农户已经超过 3300 家，同时 2014 年全年乡村旅游收入已经超过了 4 亿元。2014 年是国家旅游局倡导的智慧旅游年，国家旅游局提出我国将争取用 10 年时间初步实现智慧旅游，以有效应对旅游业爆发性增长给旅游景区资源环境带来的巨大压力。如今，旅游在线服务、网络营销、网上预订、网上支付等智慧旅游服务已深入人心。购买景区门票、了解景点内容、规划旅游路线等，只需"动动手指"，几分钟便可完成——智慧旅游落地承德。

智慧旅游，也被称为智能旅游，是通过互联网或移动互联网，借助便携的终端上网设备，主动感知旅游资源、旅游经济、旅游活动、旅游者等方面的信息，及时发布，让人们能够及时了解这些信息，及时安排和调整工作与旅游计划。简单地说，就是游客与网络实时互动，让游程安排进入"触摸时代"，用手指决定头脑。

自 2011 年开始，承德启动了智慧旅游系统建设工作，共分为三个阶段：基础建设阶段、整合管理阶段、决策分析阶段。进入"承德智慧旅游网"，在网页最前端，"定制旅游"跃入眼帘。无论长城精粹、山庄外庙，还是滑雪休闲、温泉度假，只要游客输入日期，网站马上根据游客需要安排好旅游行程，"私人旅游定制系统是智慧旅游系统一期工程的亮点之一。图 6-12 所示为承德智慧旅游四层服务主体。

承德避暑山庄及周围寺庙景区分别于 2010 年与 2011 年在新浪与腾讯两大知名网络平台，认证注册了承德避暑山庄官方微博，之后也注册开通了官方微信公众平台。在微博上推广微信活动，在微信上介绍微博话题，避暑山庄及周围寺庙景区通过微博与微信，可以为粉丝们奉上一台丰盛的活动盛宴，成功地撩拨起了粉丝们的"旅游味蕾"。与游客相互交流，从而能够更快捷、便利地提供咨询。

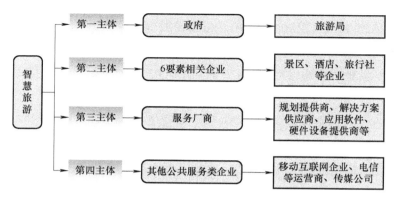

图 6-12　承德智慧旅游四层服务主体

2014 年河北省科技支撑计划项目"承德市数字旅游云服务平台研究"通过了省科学技术厅专家组验收，这将助推承德市旅游进入"触摸时代""定制时代"合并互动的智慧网络时代。由河北民族师范学院副院长苏国安教授承担的"承德市数字旅游云服务平台研究"项目，以融合的通信与信息技术为基础，以游客互动体验为中心，综合运用 3D 虚拟建模、360° 全景视频、跨平台 APP 开发、二维码、RFID、GPS 定位等先进的云计算技术，对承德市主要景点和文化古迹进行了数字重建，有效整合现有旅游资源，围绕"吃、住、行、游、购、娱"六大板块实用信息，开发了集旅游产品展示、营销推广、旅游产品预订、在线交易、线下服务为一体的承德数字旅游门户系统、承德虚拟漫游系统、数字旅游站群管理系统、游客消费决策系统、热河古城 3D 虚拟漫游系统、掌上承德移动应用、承德旅游通系统，为游客提供了全方位、多方式、可定制、人性化的综合服务，有效地实现了对承德市旅游资源的统一管理。

避暑山庄景区在启动智慧景区建设的当年，共吸引社会投资 3100 万元，开展了七个项目建设。景区数据中心、指挥调度中心以及避暑山庄宫墙监控报警系统、售检票系统、景区电子商务系统已完成，景区游客电子导览系统、景区信息发布系统、景区投诉及突发事件处理系统、景区 WiFi 基站建设正在全面建设中。而二维码门票的应用，让纸质门票不再是进入景区的主要工具。而将竣工并试运行的景区 WiFi 建设将实现整个景区免费 WiFi 无线网络全覆盖，游客可实时通过手机、iPad 等移动网络工具与各个景点实现"隔空对话"。

自 2012 年承德智慧旅游一期工程上线运行后，经过一年多的运行系统运行稳定，达到了预期目标。2013 年年底开始谋划智慧旅游二期工程，经过半年多的开发和测试，智慧旅游二期工程在 2014 年 5 月份正式上线运行。系统上线后将原来的一维条形码升级为二维码识别，实现了承德旅游团队的动态管理。特别是，这个程序还包括"导游管家"手机客户端。导游通过手机即可实现掌上接单、行程规划、确认团队行程、即时消息推送以及酬金统一结算管理等，还可实现实时跟踪团队位置。如遇极端天气、路况变化等，市旅游局可以通过 APP 直接通知导游，提前更改行程、线路，最大限度维护游客的安全和利益。

5. 武汉：智慧医疗

智慧医疗是"智慧城市"的重要组成部分。2010 年武汉市选择市中心医院糖尿病区开展示范试点，通过半年时间的建设，已实现了基于三网融合的病房内多媒体信息自动服务、移动查房、医疗物联网示范应用、"先诊疗后结算"的院内一卡通等预期建设目标。2013 年，武汉市全面启动智慧医疗建设，目前，以电子病历为基础的智慧医疗覆盖 30 家医院。武汉的智慧医疗体系架构主要包括智慧传感层、数据传输层、数据整合层、云计算层和安全保障体系等部分。图 6-13 所示为武汉智慧医疗框架。

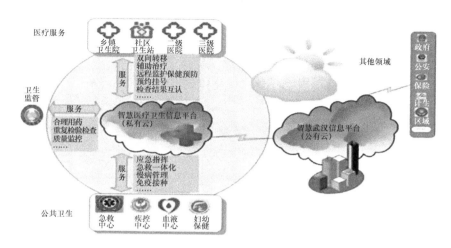

图6-13 武汉智慧医疗框架

　　武汉智慧医疗采用局域和广域融合的无线网络（WiFi室分系统和CDMA双网络）覆盖，在电子病历基础上实现了医护人员移动查房，选用了目前最先进的基于802.11n的WiFi室分系统，协议速率最高可达300M，用于移动查房需要的大数据量医学图像传输，彻底解决了传输瓶颈问题。同时，该网络还可为患者及家属提供区内无线高速互联网访问。武汉智慧医疗还采用物联网的先进理念和技术，通过对患者腕带的识别实现了诊疗服务的全程严格监管。医护人员用手持的医疗移动终端对每位患者已植入RFID条码的腕带进行扫描和识别，可以核对患者身份，确认医嘱、核对用药及各种治疗，有效防止了人为失误，可最大限度地保障患者用药和治疗安全。

　　武汉智慧医疗主要以电视为多媒体信息自动服务终端，实现了电视、电话、数据"三网融合"。患者及家属可以从病房电视上收看电信ITV双向点播电视节目；可以直接登录互联网访问网站；也可以直接访问医院内网，查询自己的医疗费用每日清单，进行点餐等，并可收看科室专门制作的健康宣传节目；患者及家属还可以使用蓝牙电视遥控器，采取 SIP 网络电话的方式拨打电话。这一项目充分全面展示了三网融合的应用成果，切实提高了医疗服务质量。武汉智慧医疗成功打通了医院、银行、医保信息系统，首创了"先诊疗后结算"的收费模式。将医院信息系统与银行系统、医保结算系统对接，通过设置大量自动设备，持医保卡或银行卡的患者不用再为不同的收费项目反复排队缴费，可等看病过程结束后统一结算。

此外，武汉智慧医疗还在医院开发完成了基于 CDMA 智能手机的综合 OA 办公、医嘱管理、药品管理等移动互联网应用，并实现了网上挂号和远程诊疗。同时，武汉市医院将继续推动在市中心医院开展各项新技术应用示范；并以市中心医院为辐射中心和基地，着手建设面向全市的、服务于医院集团式构架和各级各类医疗机构的医疗云计算中心和区域卫生信息平台。

医疗云计算中心是市民与医院、医院之间、医院与卫生行政管理部门之间共享电子病历和健康档案，开展各种协作和监管的信息平台，可以为各级各类医疗机构提供计算和存储服务。医疗云计算中心采用最先进的信息资源共享理念和技术，可以避免各医院在硬件上的重复投资和建设，用最少的投入解决医疗信息的海量计算、存储和信息交换，是智慧医疗建设的关键点。

以医疗云计算中心为技术支撑，逐步整合各类卫生信息资源，实现公共卫生、医疗服务、行政管理、社区卫生等业务领域的综合应用、信息互通和协同办公，建立六位一体的社区卫生服务网络体系，建成以区域为中心的统一指挥系统，形成卫生信息资源共享库，支持数据分析和领导决策，提高卫生业务的服务水平。武汉智慧医疗本着对患者负责的态度，在后台实施预防性核实，全程对患者的姓名、电话、身体状况、药品使用情况等敏感数据的操作访问进行监控，使患者资料在授权许可范围内被访问。医院的信息系统是一个数据量巨大、数据类型复杂的实时系统，由于医院业务的特殊性，任何人为或自然因素所导致的应用或系统中断都会造成医院巨大的经济和名誉损失，并带来严重的法律后果。

参 考 文 献

[1] 查尔斯·K. 威尔伯.发达与不发达问题的政治经济学[M].徐壮飞,译.北京:中国社会科学出版社,1984.

[2] 安东尼·汤森.智慧城市:大数据、互联网时代的城市未来[M].赛迪研究院专家组,译.北京:中信出版社,2015.

[3] 马克·迪金.智慧城市的演化:管理、模型与分析[M].徐灵,许倩瑛,张宗潮,等译.武汉:华中科技大学出版社,2016.

[4] 国际电工委员会(IEC).IEC 智慧城市报告[M].北京:中国电力出版社,2016.

[5] 杨冰之,郑爱军.智慧城市发展手册[M].北京:机械工业出版社,2012.

[6] 张克平,杨冰之.智慧城市 100 问[M].北京:电子工业出版社,2015.

[7] 高新民,郭为.中国智慧城市建设指南及优秀实践[M].北京:电子工业出版社,2016.

[8] 国脉物联网技术研究中心.物联网 100 问[M].北京:北京邮电大学出版社,2008.

[9] 国脉物联网技术研究中心.国脉物联网与智慧城市业务白皮书[M].北京:北京国脉互联信息顾问有限公司,2013.

[10] 解树江,叶中华.中国智慧城市发展报告(2015)[M].北京:中国金融出版社,2016.

[11] 余红艺.智慧城市:愿景、规划与行动策略[M].北京:北京邮电大学出版社,2012.

[12] 熊璋.智慧城市[M].北京:科学出版社,2015.

[13] 岳梅樱.智慧城市顶层设计方法论与实践分享[M].北京:电子工业出版社,2015.

[14] 金江军,郭英楼.智慧城市:大数据、互联网时代的城市治理[M].北京:电子工业出版社,2016.

[15] 李林.智慧城市建设思路与规划[M].2 版.南京:东南大学出版社,2012.

[16] 朱桂龙.智慧城市建设理论与实践[M].北京:科学出版社,2016.

[17] 楚天骄.中国智慧城市建设最新实践案例集[M].北京:中国法制出版社,

2016.

[18] 毛光烈.智慧城市建设实务研究[M].北京：中信出版社,2013.

[19] 金江军.迈向智慧城市：中国城市转型发展之路[M].北京：电子工业出版社,
2013.

[20] 陈畴镛,周青.智慧城市建设：主导模式、支撑产业和推进政策[M].杭州：浙
江大学出版社,2014.

[21] 我国智慧城市建设若干关键问题研究课题组.走向智慧城市：我国智慧城市
建设若干关键问题研究[M].北京：科学出版社,2016.

[22] 国脉互联智慧城市研究中心.2012 中国智慧城市建设现状与发展趋势研究报
告[R].北京：北京国脉互联信息顾问有限公司,2012.

[23] 国脉互联智慧城市研究中心.首届中国智慧城市发展水平评估报告[R].北京：
北京国脉互联信息顾问有限公司,2011.

[24] 国脉互联智慧城市研究中心.第二届(2012)中国智慧城市发展水平评估报告
[R].北京：北京国脉互联信息顾问有限公司,2012.

[25] 国脉互联智慧城市研究中心.第五届(2015)中国智慧城市发展水平评估报告
[R].北京：北京国脉互联信息顾问有限公司,2015.

[26] 国脉互联智慧城市研究中心.2012 年中国内地市场智慧城市建设评价标准
和关键技术调研报告[R].北京：北京国脉互联信息顾问有限公司,2012.

[27] 仇保兴.2012~2013 年度中国智慧城市发展研究报告[M].北京:中国建筑工
业出版社,2013.

[28] 汤莉华.2016 智慧城市全球发展态势研究报告[J].中国建设信息化,2016(9)：
20-23.

[29] 智慧城市发展指数统计评价研究课题组."十二五"时期北京智慧城市发展
指数(SCDI)统计评价研究报告[J].中国信息界,2016(2)：73-80.

[30] 智慧城市发展指数统计评价研究课题组.北京智慧城市发展指数 SCDI(2014)
统计测评报告[J].中国信息界,2015(3)：55-60.

[31] 十一城.2015 中国智慧城市发展研究报告[R/OL].2016-01-18.http：//www.
smartcitychina.cn/ReDianXinWen/2016-01/6379.html.

[32] 孔令峰,李响,等.智慧城市深度研究报告[R/OL].国海证券股份有限公司 2015-
11-27.http://www.360doc.com/content/15/1127/15/9531466_516294512.sh

tml.

[33] 中商情报网.2012 年中国各城市智慧城市规划及发展状况研究报告 [R/OL].2013-03.http://www.askci.com/reports/201303/2814938197294. shtm1.

[34] 智研咨询集团.中国智慧城市体系结构与发展研究报告(2011)[R/OL].中国产 业信息,2011-06.http://www.chyxx.com/research/201106/L8532710XW. html.

[35] 中国智慧城市产业技术创新战略联盟.中国智慧城市惠民发展评价指数报告 (2014 版) [R]. 中国信息界,2015.

[36] 杨堂堂.从数字城市到智慧城市的建设思路与技术方法研究[J].地理信息世 界,2013(1)：63-67.

[37] 李成名,刘晓丽,印洁,等.数字城市到智慧城市的思考与探索[J].测绘通 报,2013(3)：1-3.

[38] 顾新建,代风,陈芨熙,等.智慧制造与智慧城市的关系研究[J].计算机集成制造 系统,2013(5)：1127-1133.

[39] 徐静,陈秀万.数字城市与智慧城市比较研究[J].图书馆理论与实 践,2013(11)：13-15.

[40] 王广斌,范美燕,王捷,等."智慧城市"背景下的城市规划创新[J].上海城市规 划,2013(2)：11-14

[41] 王芙蓉,迟有忠.智慧城市背景下的智慧规划思考与实践[J].现代城市研 究,2015(1)：13-18.

[42] 邓毛颖.智慧城市与智慧的城市规划[J].华南理工大学学报：社会科学版, 2015(3)：49-56.

[43] 徐建刚,祁毅,张翔,等.智慧城市规划理论方法与应用创新[J].建设科 技,2015(18)：22-24，28.

[44] 申悦,柴彦威,马修军.人本导向的智慧社区的概念、模式与架构[J].现代城市 研究,2014(10)：13-17,24.

[45] 宋刚,邬伦.创新 2.0 视野下的智慧城市[J].城市发展研究,2012(9)：53-60.

[46] 徐睿.智慧城市:以人为本的创造力[J].资源再生,2013(12)：18-21.

[47] 章慧霓.智慧城市建设要注重以人为本[J].建设科技,2015(5)：46.

[48] 平健,张雅洁.智慧城市建设现状及发展对策[J].党政干部学刊,2015(6)：
60-65.

[49] 杨德海,尚进.智慧城市建设应以"惠民"为导向[J].中国信息界,2015(6)：
87-90.

[50] 张少彤,王芳,王理达.智慧城市的发展特点与趋势[J].电子政务,2013(4)：2-9.

[51] 巫细波,杨再高.智慧城市理念与未来城市发展[J].城市发展研究,2010(11)：
56-60,40.

[52] 王兆进,王凯,冯东雷.智慧城市发展趋势及案例[J].软件产业与工程,2012
(2)：18-24.

[53] 杨建武.智慧城市的创新发展研究[J].兰州学刊,2012(10)：42-46.

[54] 许庆瑞,吴志岩,陈力田.智慧城市的愿景与架构[J].管理工程学报,2012(4)：
1-7.

[55] 吕征奇.论智慧城市的建设对城市发展意义[J].科技视界,2012(31)：67,105.

[56] 李建明.智慧城市发展综述[J].中国电子科学研究院学报,2014(3)：221-
225,233.

[57] 周妍琳.智慧城市解读与未来城市发展的思考[J].建筑与文化,2014(8)：
134-136.

[58] 周顺松,王鹏.浅析中国智慧城市的发展[J].中国信息化,2014(11)：32-35.

[59] 郭理桥.城市发展与智慧城市[J].现代城市研究,2014(10)：2-6.

[60] 李春佳.智慧城市内涵、特征与发展途径研究——以北京智慧城市建设为例
[J].现代城市研究,2015(5)：79-83.

[61] 杨年春.智慧城市顶层设计与系统思维——论城市的智慧发展、智慧建设和
智慧运营[J].建设科技,2015(18)：25-28.

[62] 王璐,吴宇迪,李云波.智慧城市建设路径对比分析[J].工程管理学报,2012(5)：
34-37.

[63] 柴彦威,申悦,陈梓烽.基于时空间行为的人本导向的智慧城市规划与管理[J].
国际城市规划,2014,29(6)：31-37.

[64] 顾德道,乔雯.我国智慧城市评价指标体系的构建研究[J].未来与发展,
2012(10)：79-83.

[65] 李德仁,姚远,邵振峰.智慧城市的概念、支撑技术及应用[J],工程研究,2012

(4)：313-323.

[66] 蒋力群.关于"智慧城市"规划与建设核心因素的思考[J].智慧城市 2013(2)：
    30-33.

[67] 孙中亚,甄峰.智慧城市研究与规划实践述评[J],规划师,2013(2)：32-36.

[68] 辜胜阻,王敏.智慧城市建设的理论思考与战略选择[J].中国人口·资源与环
    境,2012(5)：74-79.

[69] 董宏伟,寇永霞.智慧城市的批判与实践——国外文献综述[J].城市规
    划,2014(11)：52-58.

[70] 吴志强,柏旸.欧州智慧城市的最新实践[J].城市规划学刊,2014(5)：15-22.

[71] 辜胜阻,杨建武,刘江日.当前我国智慧城市建设中的问题与对策[J].中国软科
    学,2013(1)：6-12.

[72] 邬力平.浅议如何提高人们的信息素质[J].科学情报开发与经济,2010(19)：
    123-124,141.

[73] 包康平.珠海建设智慧城市的对策研究[D].长春：吉林大学,2014.

[74] 王静.基于集对分析的智慧城市发展评价体系研究[D].广州：华南理工大
    学,2013.

[75] 顾成城.中国智慧城市建设现状及空间分析[D].上海：华东师范大学,2014.

[76] 张陶钧.智慧城市发展对经济增长促进作用的实证研究[D].大连：辽宁师范大
    学,2015.

[77] 曹玉旺,张炎明.浅析物联网下智慧城市的发展策略：融合与创新——中国通
    信学会通信管理委员会第 29 次学术研讨会论文集[C].北京：中国通信学会
    通信管理委员会,2011.

[78] 迟紫境,李云鹏,黄超.智慧旅游城市的发展方向与构建方法研究：2012 城市
    国际化论坛——世界城市：规律、趋势与战略选择论文集[C].北京：首都经
    济贸易大学,北京市社会科学界联合会,2012.

[79] 李玉.以人为本：智慧城市的核心理念[N].中国社会科学报,2016-05-13(2).

[80] 李江涛.新型城市化要始终坚持以人为本[N].南方日报,2012-10-08(2).

[81] 刘波.智慧城市应当"以人为本"[N].21 世纪经济报道,2013-08-08(4).

[82] 周松华,屠炯.智慧应用普惠民生 智慧产业服务转型：宁波智慧城市建设跃
    上新台阶[N].浙江日报,2015-09-11(24).